我的第一本科学漫画书

热带雨林历险记 6

黑洞遇险

图书在版编目(CIP)数据

黑洞遇险 / (韩) 洪在彻著；(韩) 李泰虎绘；苟振红译.
-- 南昌：二十一世纪出版社, 2013.6(2018.9 重印)
(我的第一本科学漫画书. 热带雨林历险记；6)
ISBN 978-7-5391-8608-5

Ⅰ. ①黑… Ⅱ. ①洪… ②李… ③苟…
Ⅲ. ①黑洞-少儿读物 Ⅳ. ①P145.8-49

中国版本图书馆 CIP 数据核字(2013)第 087766 号

我的第一本科学漫画书
热带雨林历险记 ⑥ 黑洞遇险 [韩] 洪在彻 / 文 [韩] 李泰虎 / 图 苟振红 / 译

出 版 人 张秋林
责任编辑 万 静
美术编辑 陈思达
出版发行 二十一世纪出版社集团
(江西省南昌市子安路 75 号 330009)
www.21cccc.com cc21@163.net
承 印 江西宏达彩印有限公司
开 本 787mm×1092mm 1/16
印 张 11
版 次 2012 年 7 月 第 1 版 2013 年 6 月第 2 版
印 次 2018 年 9 月第 19 次印刷
书 号 ISBN 978-7-5391-8608-5
定 价 35.00 元

赣版权登字-04-2012-232

我的第一本科学漫画书

热带雨林历险记 6

黑洞遇险

[韩]洪在彻/文
[韩]李泰虎/图
苟振红/译

二十一世纪出版社
21st Century Publishing House
全国百佳出版社

篇首语

“哇，还有这么高的树啊？”

发出这种感慨，是初次前往婆罗洲热带雨林考察时。乘着船沿江而下，迎面而来的浩瀚雨林，令我惊得一时合不拢嘴。参天的雨林比城市里的摩天大厦还要高，枝繁叶茂，遮天蔽日。眼见这壮观的景色，想到雨林中繁衍生息着许多人类连名字都不知道的生物，不由得赞叹自然的神秘与伟大。

热带雨林可谓是地球的肺。热带雨林制造的氧气几乎占地球全部氧气量的一半左右；假如热带雨林消失了，二氧化碳将导致全球变暖，地球的气温就会持续上升，直至令人类消亡。据统计，全世界一千万种动物中，有一半以上生活在热带雨林中。马来半岛仅五十万平方米的热带雨林中的植物种类比整个北美大陆的还要多。

热带雨林是未知的土地。人类对热带雨林还不及对月球了解得多，婆罗洲热带雨林的很多地方至今人类还未涉足。“热带雨林(Jungle)”一词源自古印度的梵文“Jangalam”，意为“未开垦的地域”。那里有形形色色的美丽花朵和奇形怪状的昆虫，有能够在天上飞的蛇，还有生活在树上的青蛙等。热带雨林中，有很多我们匪夷所思的动物自由、和谐地生活在一起。

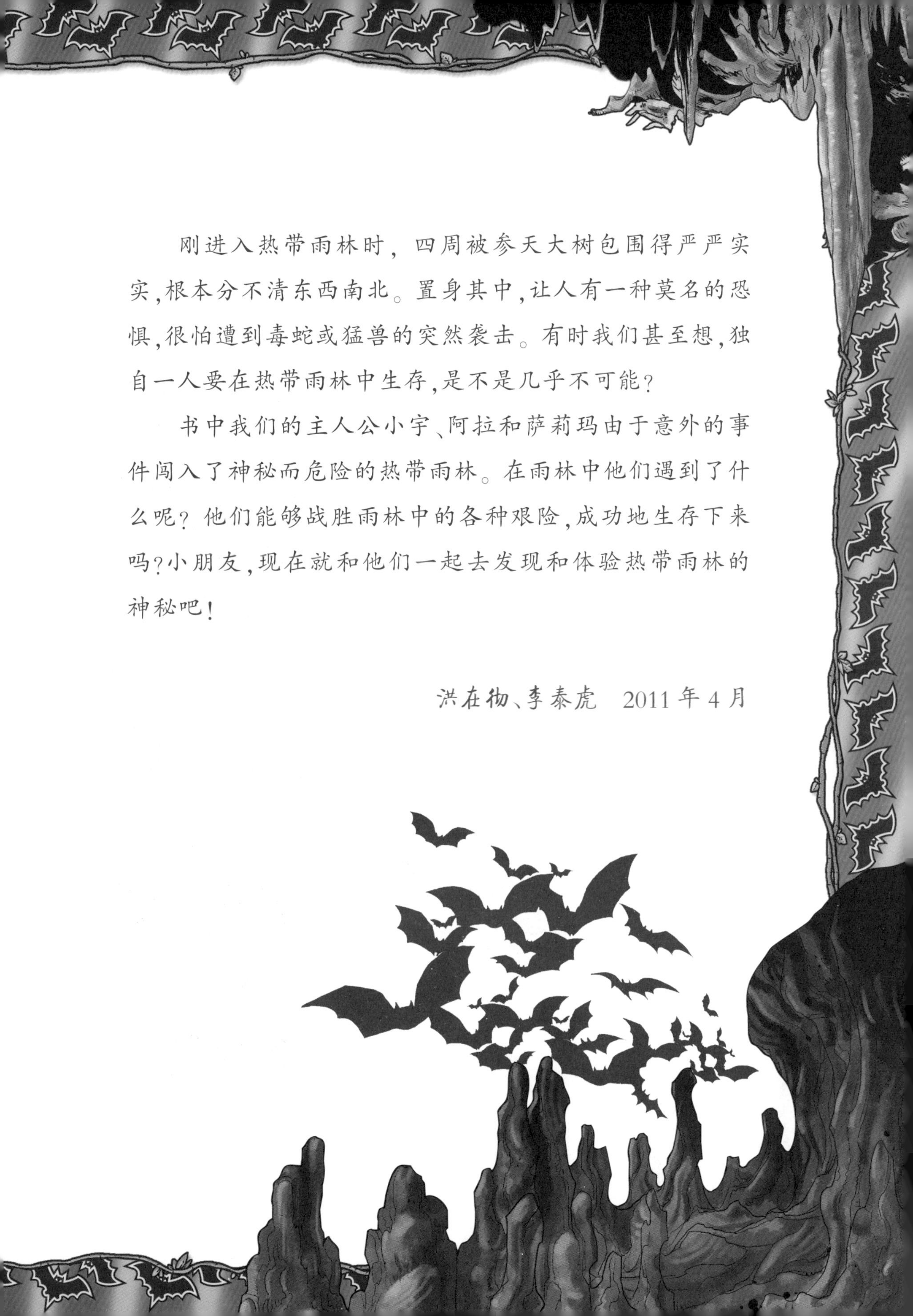

刚进入热带雨林时，四周被参天大树包围得严严实实，根本分不清东西南北。置身其中，让人有一种莫名的恐惧，很怕遭到毒蛇或猛兽的突然袭击。有时我们甚至想，独自一人要在热带雨林中生存，是不是几乎不可能？

书中我们的主人公小宇、阿拉和萨莉玛由于意外的事件闯入了神秘而危险的热带雨林。在雨林中他们遇到了什么呢？他们能够战胜雨林中的各种艰险，成功地生存下来吗？小朋友，现在就和他们一起去发现和体验热带雨林的神秘吧！

洪在彻、李泰虎　2011 年 4 月

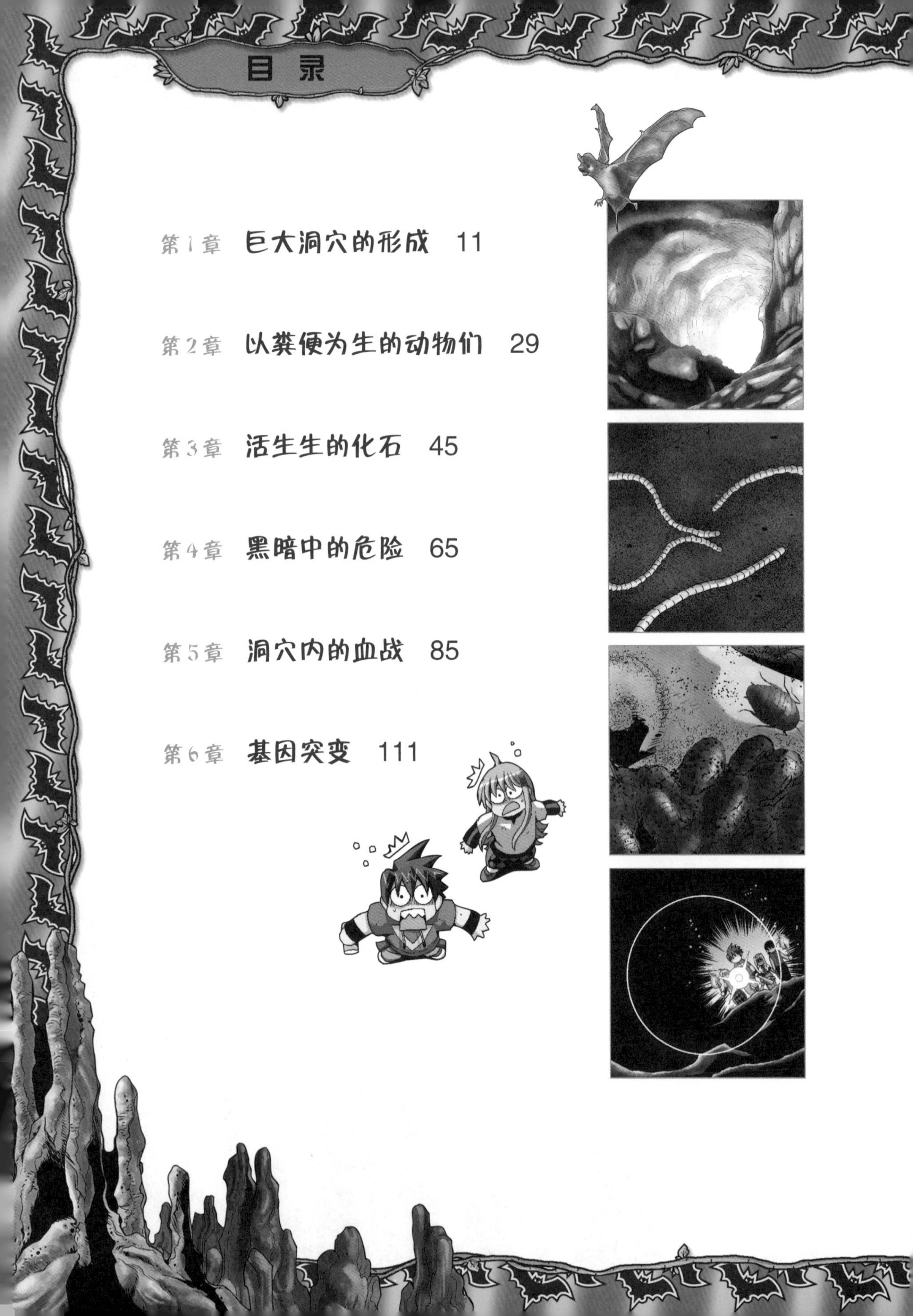

目录

出场人物

小宇

拥有动物般的生存本能、比原住民更强的适应能力以及连恶心的食物都能狼吞虎咽的好胃口，真的非常适合“历险”。凭借其惊人的体能，在多次危机中拯救了伙伴们。虽然有如此多的优点，但由于经常开过分的玩笑，在伙伴当中毫无威信可言。

“哼哼，我认真起来的时候还是很认真的！”

阿拉

为了拯救因患破伤风而生命垂危的父亲，勇敢踏上危险的雨林之旅的少女。虽然看起来娇小柔弱，但具有渊博的知识和坚强的内心，是朋友们心目中可信赖的人。对她而言，最大的力量之源就是伙伴们为了帮助她而不辞辛苦的珍贵友情。

“哎呀，蟑螂好可怕！去死吧！”

萨莉玛

对雨林的自然环境和生存方式了如指掌的婆罗洲热带雨林原住民。起初只是为了寻找失踪的哥哥而开始冒险，但现在对雨林中的基因突变产生了浓厚的兴趣，特崇拜知识渊博的来自城市的朋友。

“我担心动物们不知又会出现什么基因突变！”

小明

头脑灵活、身手敏捷的中国少年。为自己在故乡练成的高超棍术而深感自豪。其父亲是个“无国界医生”，所以他对雨林的生态环境和生存知识也非常了解。起初他与小宇的关系非常别扭，分开再重逢后俩人慢慢建立了友情。

“小宇，你好像也有点儿常识嘛！”

第1章　巨大洞穴的形成

这个洞穴究竟有多大啊？
完全看不到头！
阿拉啊！
哗啦啦
手电筒给
我一下。
干吗？你想
四周看看？
这里这么大，又这
么黑，估计手电筒
也没什么用……
哗
啦
不试试怎么知道？

光线照不到洞顶，看来这洞有几十米高。
看吧，刚才我说什么来着？
看来宽度至少也超过 30 米了。

嘀
嘀
嘿嘿，有本事就来追我呀！
如果把从前见过的洞穴比作狭窄弯曲的羊肠小路，那这就是畅通无阻的高速公路了。

本来婆罗洲热带雨林的洞穴就多，
而且规模也相当大。
这是一定的吧。因为这里雨量非常大，年平均降雨量都超过3000毫米了。

你们知不知道石灰岩溶洞的形成和雨有着密切的关系……

别装渊博了，先找休息的地方如何？
唔
唔

你懂的太多了，头应该很重吧，小明老师？
老……老师？！
这么一说……还真的蛮像老师的。

阿拉，把火把给我，我在前面开路，你抱着这些木柴好吗？
好的。

那就出发吧！

真是奇怪了，小宇居然和小明开起玩笑来了……

可能是几个小时的分离让他敞开了心扉吧。

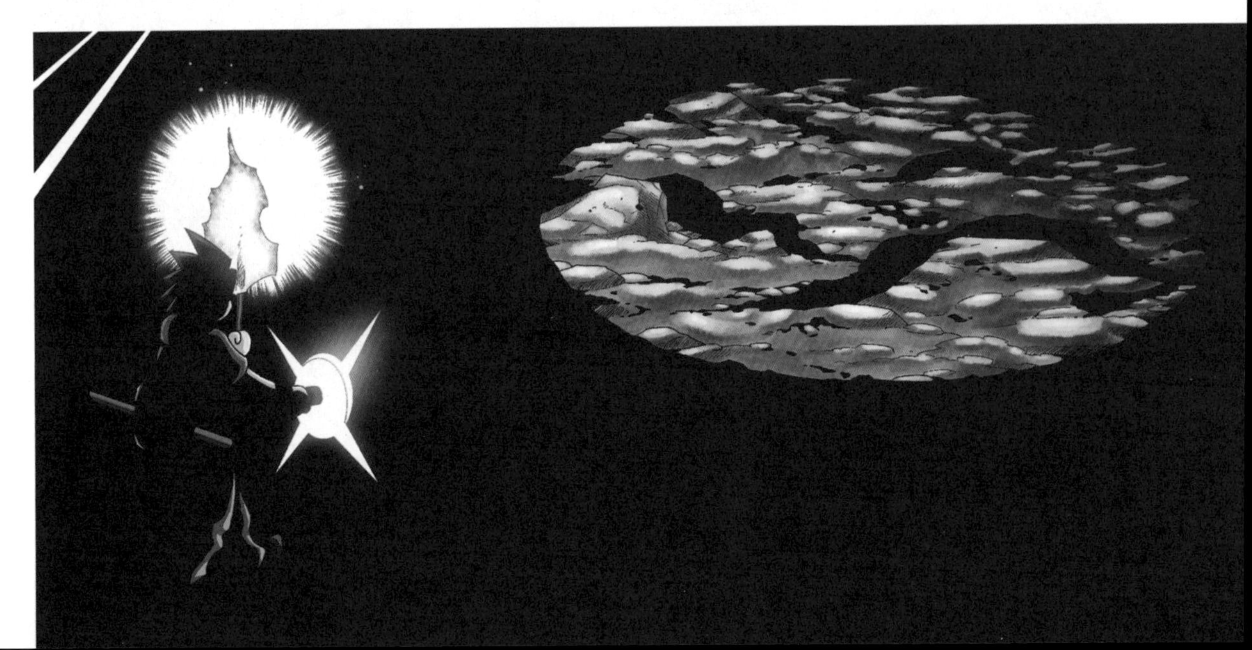

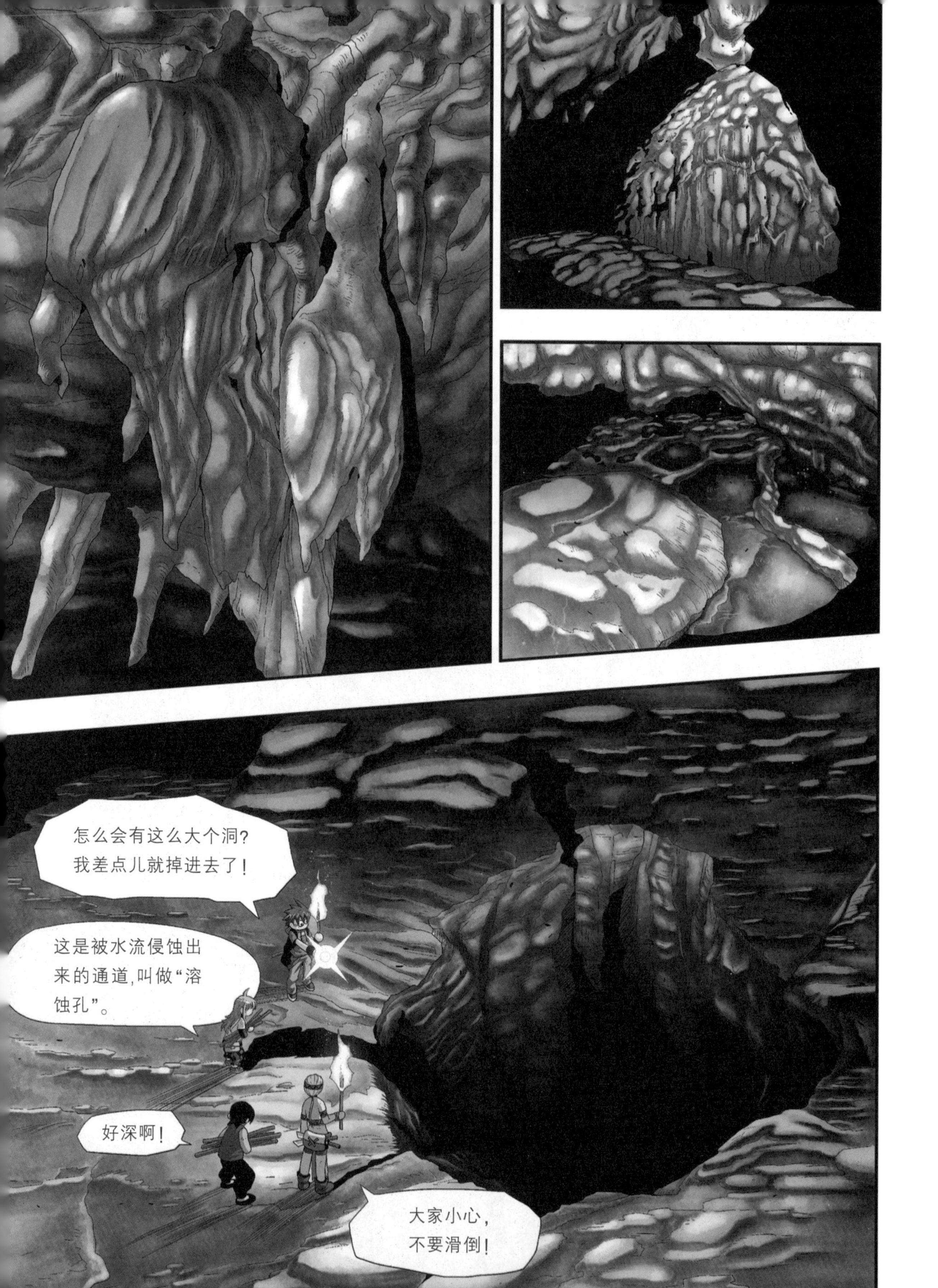

怎么会有这么大个洞?
我差点儿就掉进去了!
这是被水流侵蚀出来的通道,叫做“溶蚀孔”。
好深啊!
大家小心,
不要滑倒!

这里怎样?

离入口有一段距离,不用担心猛兽,地面也很平。

好像还不错。先生篝火吧。

呼!这下终于能休息了!
今天真是漫长的一天!
哗啦啦

嗅
嗅

咦,怎么有股发霉的味道啊?
嗅
嗅
是吗?我的鼻子堵了,我闻不到。
洞穴里本来湿度就高,所以肯定会有味道嘛。

3000 万年前，这片地区曾是海洋,生长着大量的珊瑚。

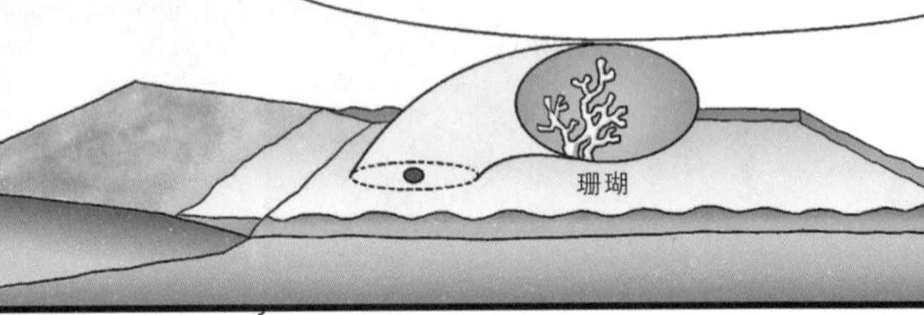

在漫长的岁月里，珊瑚不断死亡，尸体在海底堆积成珊瑚礁,慢慢形成了石灰岩地层。

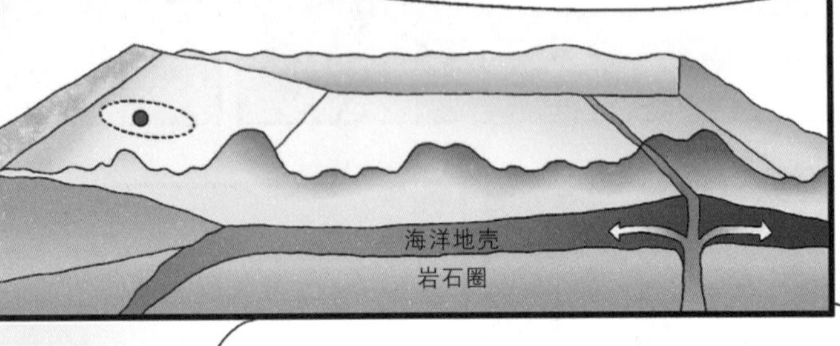

大约 500 万年前,石灰岩地层由于地壳运动上涌变成了陆地。

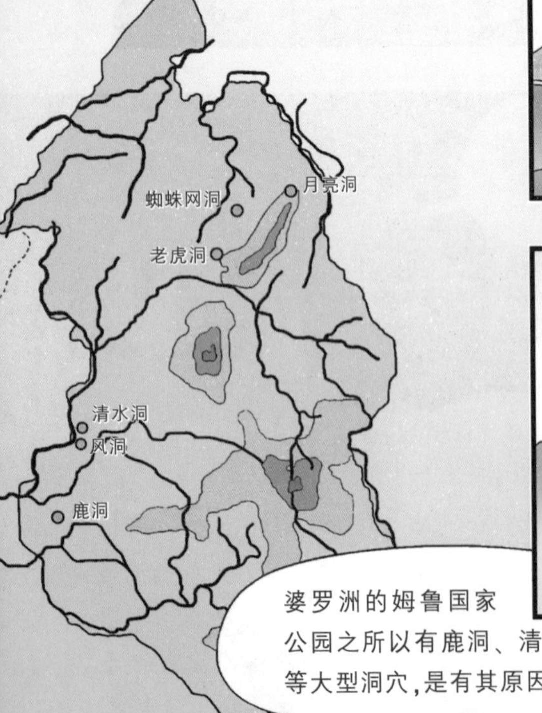

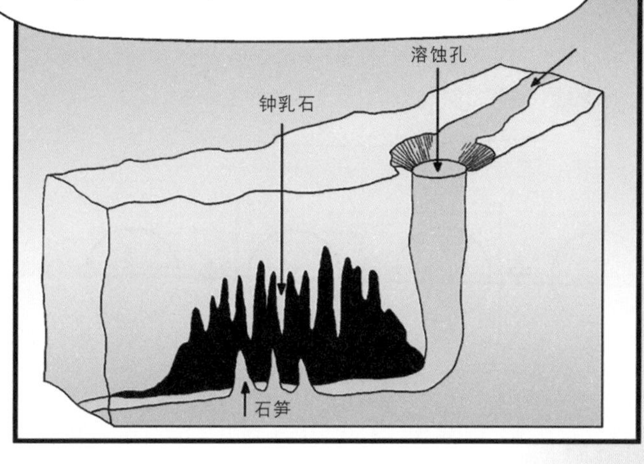
大量雨水顺着地表的缝隙流入侵蚀石灰岩,从而形成了洞穴。也就是说,这些洞穴是水流动的通道。
溶蚀孔
钟乳石
石笋

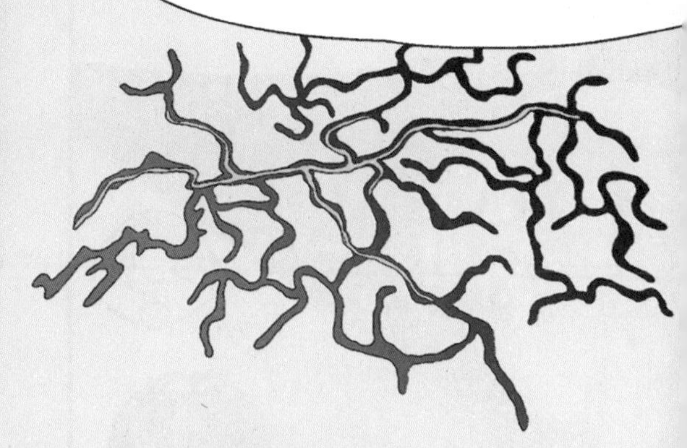
据说把姆鲁地区的洞穴全部连接起来的话,总长度可超过 400 千米。

哇,真壮观!400 千米这么长,即便乘飞机也要飞半个多小时吧?
动辄数百千米,雨林还真是大啊!

小明,你老提到鹿洞,那里比这里还要大吗?
我也想知道。
咦,这里怎么能比呢?

鹿洞是世界上屈指可数的大型洞穴,因通道最宽广而闻名。其最高处 120 米,最宽处达 90 米,深度达 2 千米。

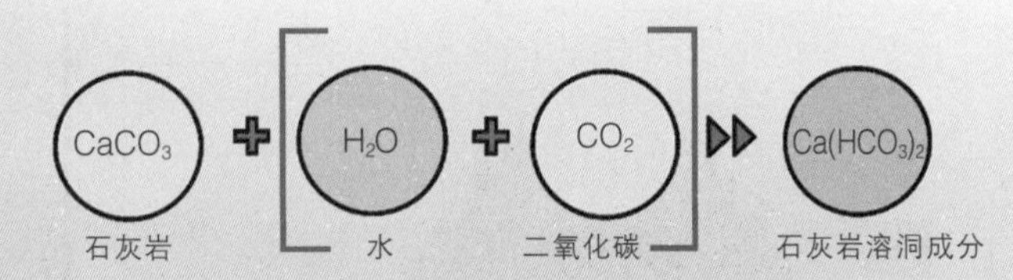

*腐叶土:草或落叶等在土壤中腐烂,经过微生物分解发酵形成的营养土。

咕噜噜噜噜

一整天什么东西都没吃呢！
肚子好饿。

怎么不早说？我让你尝尝雨林中的美味。
真的？
刺啦

想吃却要拼命忍住不吃，真的很辛苦。
什么东西这么费劲呀？快拿出来吧！
左摸摸
右掏掏

这个东西只要尝过一次绝对忘不了，会上瘾的！
小宇过分的自信，让我有点不安啊！

咣咣
嘿咦

呃啊啊，这不是毛毛虫吗?!
他怎么吓成这样?
咳咳，他被毛毛虫吓到好几次了。

呼啦
好、好恶心!

你、你干什么呀?!
啪

嗖嗖嗖

小明，你……
气呼呼

不、不是。那个……小宇，等一下……我不是故意扔掉的……
看来你的肚子还不够饿呀。
受到打击了。

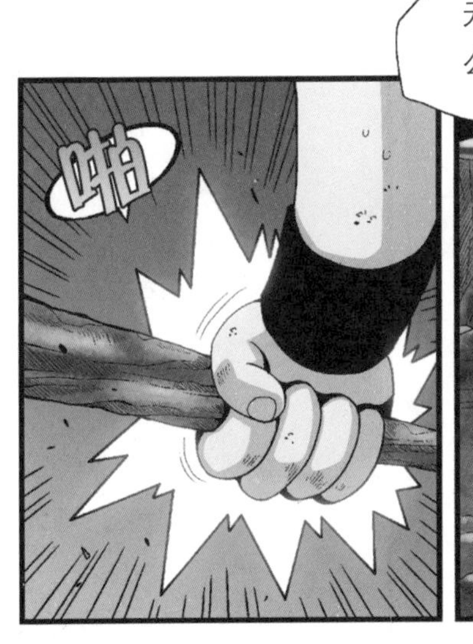
啪

无法原谅！这是多么珍贵的食物……
等一下！其实我对毛毛虫……
刷刷
刷刷
小宇，你现在要干吗？

还能干吗?把毛毛虫找回来吃掉呀!
咣当当

咦，这种地方还有山坡?

啊!

找到了，我的毛毛虫!

虽然沾了点土，拍掉就没关系了。
啪啪
啪啪

啊

小宇，停下！
刷

嘿嘿，很抱歉，我一口把它吃掉了。

毛毛虫身上沾的不是土，而是蝙蝠的粪便！
呜哇
粪……
粪……
粪便……

呕呕呕
呕呕呕
……
这样应该消毒消干净了吧？
刷刷刷
喂，你不要这么恶心好不好！

石灰岩溶洞的形成过程

石灰岩溶洞是由于水的长期溶蚀(水流溶解并搬移岩石中的可溶物质)而形成的洞穴。石灰岩里不溶性的碳酸钙受水和二氧化碳的作用能转化为微溶性的碳酸氢钙,因此地下水在石灰岩地带向地下流动的过程中形成了通道,通道逐渐扩大就形成了石灰岩溶洞。

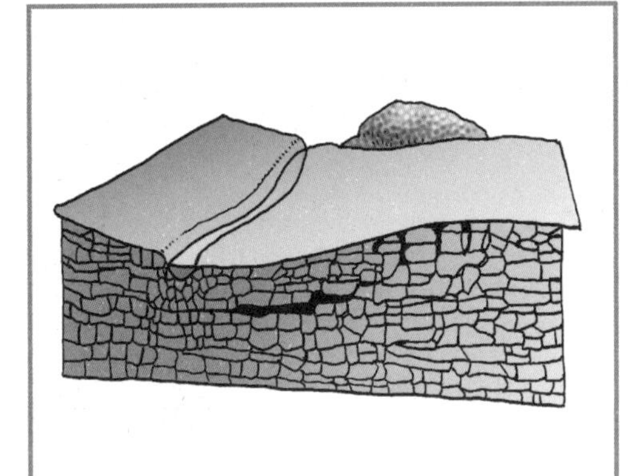

❶ 由于断层和地表龟裂等因素,石灰岩地带的地下产生了中空的空间。

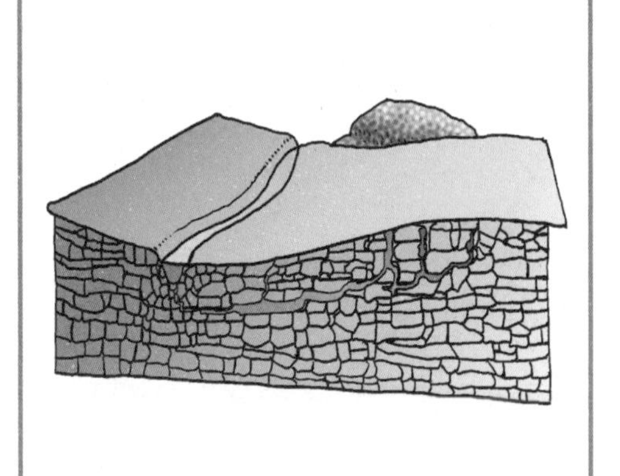

❷ 溶解了二氧化碳的酸性水顺着石灰岩的缝隙流入地下的中空空间。

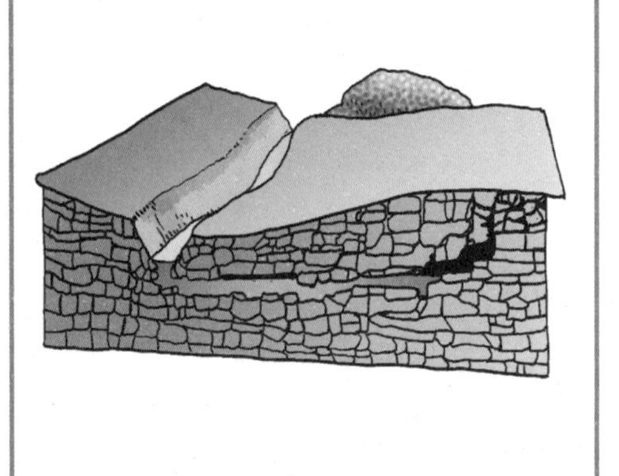

❸ 地下水溶解石灰岩使空间变宽,从而使更多的水流向地下。

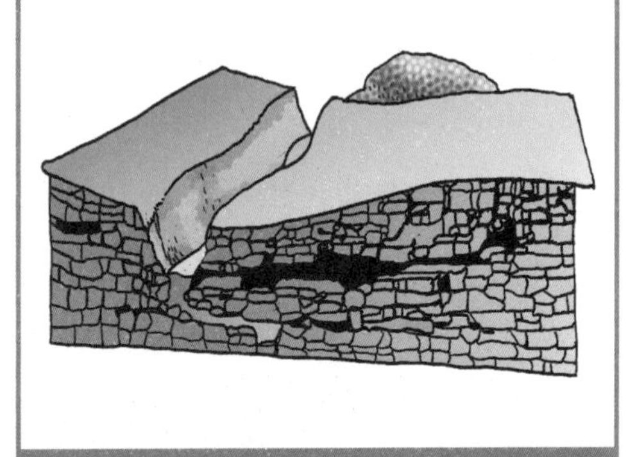

❹ 水流入更深的地下,被溶解的空间慢慢变成了洞穴。

婆罗洲的鹿洞

鹿洞内实景 鹿洞拥有世界上最长的洞穴通道，洞高、洞宽均约百米，深度2千米，犹如一个“无底洞”。

飞龙(Flying dragon) 太阳落山时，鹿洞内的数万只蝙蝠成群结队地飞出，场面壮观，远远看去好似飞龙出洞，所以当地人称它们为“飞龙”。

林肯石 鹿洞的名景，从洞内向入口看去，很像高鼻梁、蓄着胡须的西方人的侧脸，所以被人们称为“林肯石”。

石灰岩溶洞形成的原理

蛋壳与石灰岩的主要成分相同，都是一种叫做碳酸钙的物质。所以假如石灰岩真的可以在酸性溶液中溶解的话，那么通过用食醋溶解蛋壳的试验，可以了解石灰岩被酸性的地下水溶解、形成石灰岩溶洞的原理。

过程1　在杯中放入鸡蛋后再倒入食醋。鸡蛋浮起来也没关系。

过程2　三天过后，被食醋浸没的部分和漂浮的部分有了明显的区别。

过程3　把鸡蛋从食醋中取出，发现部分蛋壳已变薄、变软。通过鸡蛋被食醋浸没的部分和漂浮部分的区别，可证明蛋壳能被酸性溶液溶解。

第 2 章　以粪便为生的动物们

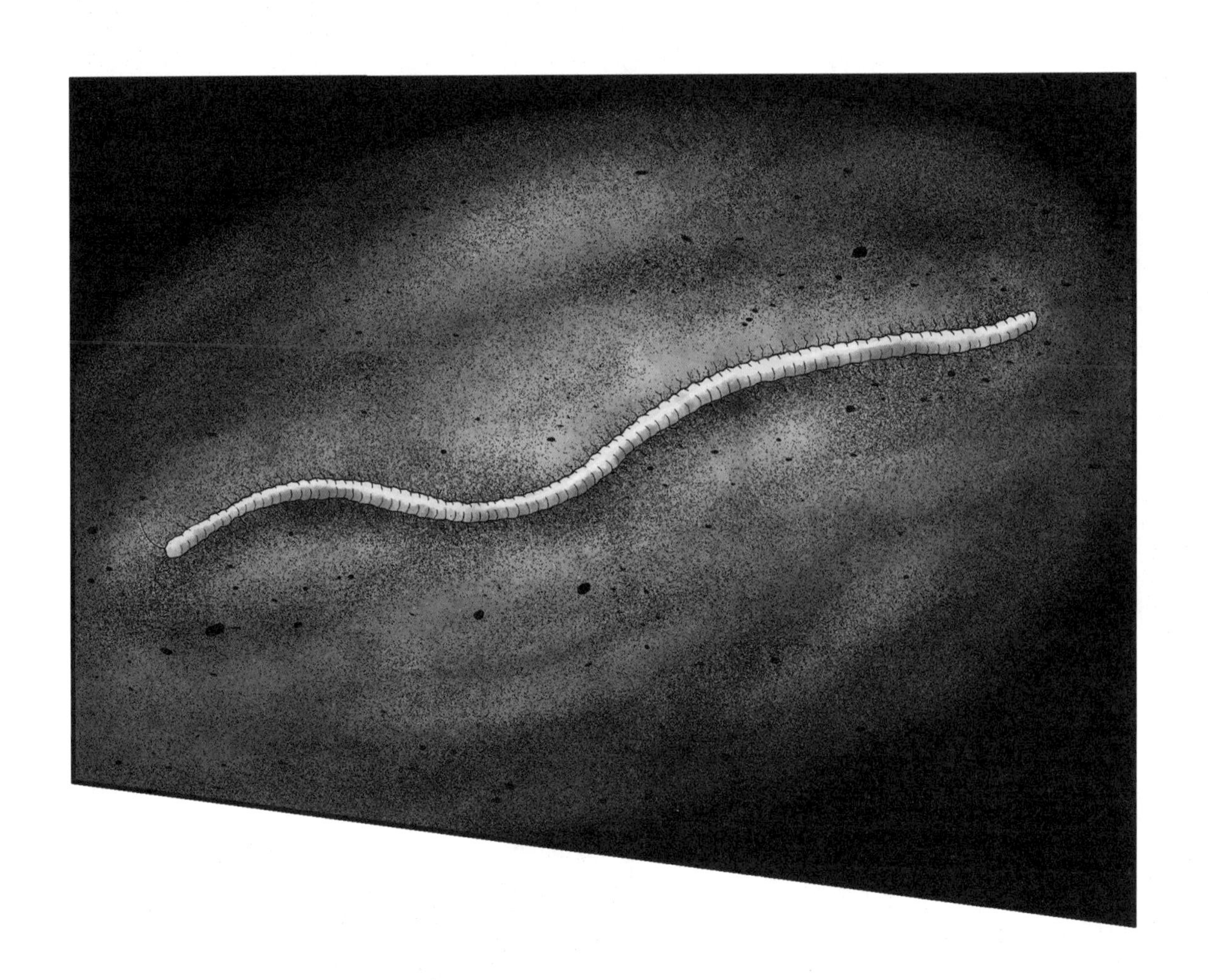

你说这都是蝙蝠的粪便?
不可能吧!

刚才我说什么来着?不是说有股发霉的味道吗?

比我的个子还高呢,估计超过3米了。

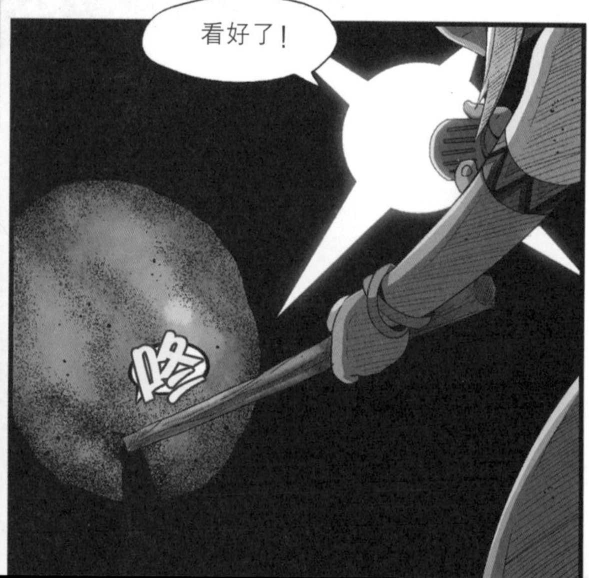
看好了!
咚

沙啦啦
蝙蝠粪呈暗紫色，乍一看和土壤没什么区别，但这样搅一搅话很容易散开。

假如这里生活着几十万只蝙蝠的话，那洞穴里就会到处是这种粪团了。

鹿洞中生活着约 300 万只蝙蝠，每天排泄的粪便可达 2 万~3 万吨。据说，甚至还有高度超过 100 米的蝙蝠粪山呢！
120m
觉得太荒唐而哑口无言。

粪、粪便……
超过 100 米？

粪鹿洞入口
那样的话名字应该改成“粪洞”啊！
粪……洞。

蝙蝠粪虽然是排泄物，但也是洞穴生物珍贵的营养来源，是洞穴生态链的基础。

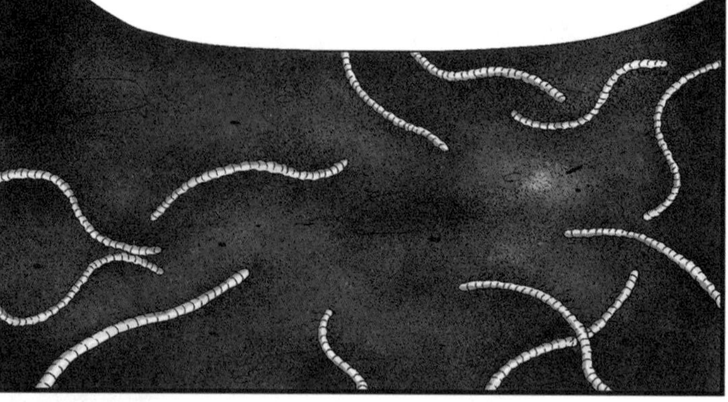
因为蝙蝠粪中不仅含有磷酸、氮等成分，还含有丰富的无机物和水分，非常适合微生物生存。以蝙蝠粪为生的微生物是洞穴食物链的一级消费者，而昆虫又会捕食这些微生物。

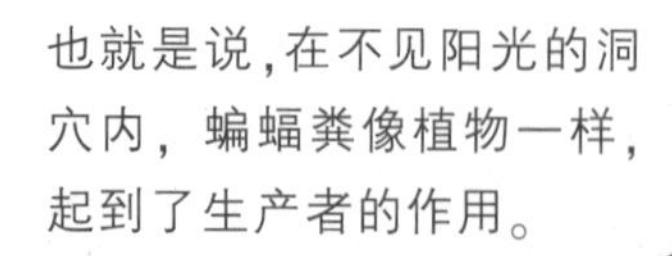

也就是说，在不见阳光的洞穴内，蝙蝠粪像植物一样，起到了生产者的作用。
没错。

哎，等一下。在这黑暗中，除了蝙蝠还生活着其他动物？
当然了，只是我们看不到而已。

和在外捕食的蝙蝠不同的是，很多动物一生都只生活在洞穴内。有昆虫、两栖动物、爬行动物及甲壳类动物等，种类繁多。

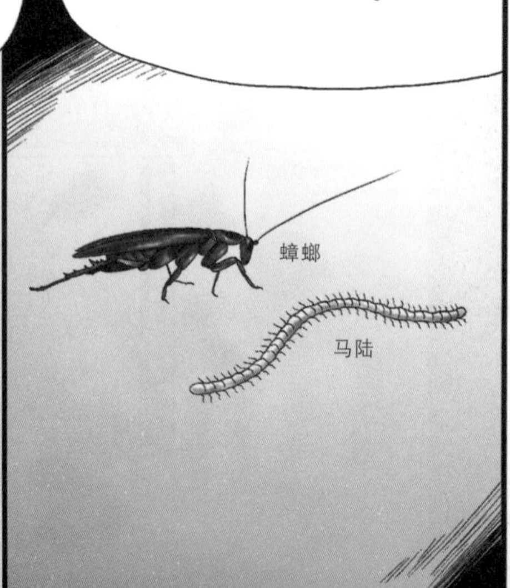
最多的就是昆虫，典型的有蟑螂、马陆等。
蟑螂
马陆

水中典型的有虾和蟹等甲壳类动物。

哦，没想到这么多呀。顽强的生命力……不对，因为以粪便为生……
该说肮脏的生命力吧？
……
喂，什么肮脏的生命力呀，说话小心点儿！

而且别再拿粪便说事儿了！
并不是所有的穴居动物都吃粪便的。而且在这么恶劣的环境中都能生存，你不觉得这本身就很了不起吗？
好、好吧……知道了！
完全是猫咪面前的小老鼠呀。
喂，你去哪儿？我还没说完呢！
突……突然困意上来了。
喊，啰唆鬼。
咳
咳

?
沙沙
沙

你一直在这儿干什么?
我来帮你吧?

那你用手电筒帮我照着木棍吧!

沙沙
蠕动
啊!

找到了!

萨莉玛,你找到了什么?
你俩该不会在卑鄙地偷偷找吃的吧?

蠕动
这不是蜈蚣吗？
嗯。不过这不是普通的蜈蚣，而是具有惊人才能的特殊蜈蚣。

惊人的才能指的是什么？

自己看吧！
我说"关灯"，大家就关掉手电筒、熄灭火把。

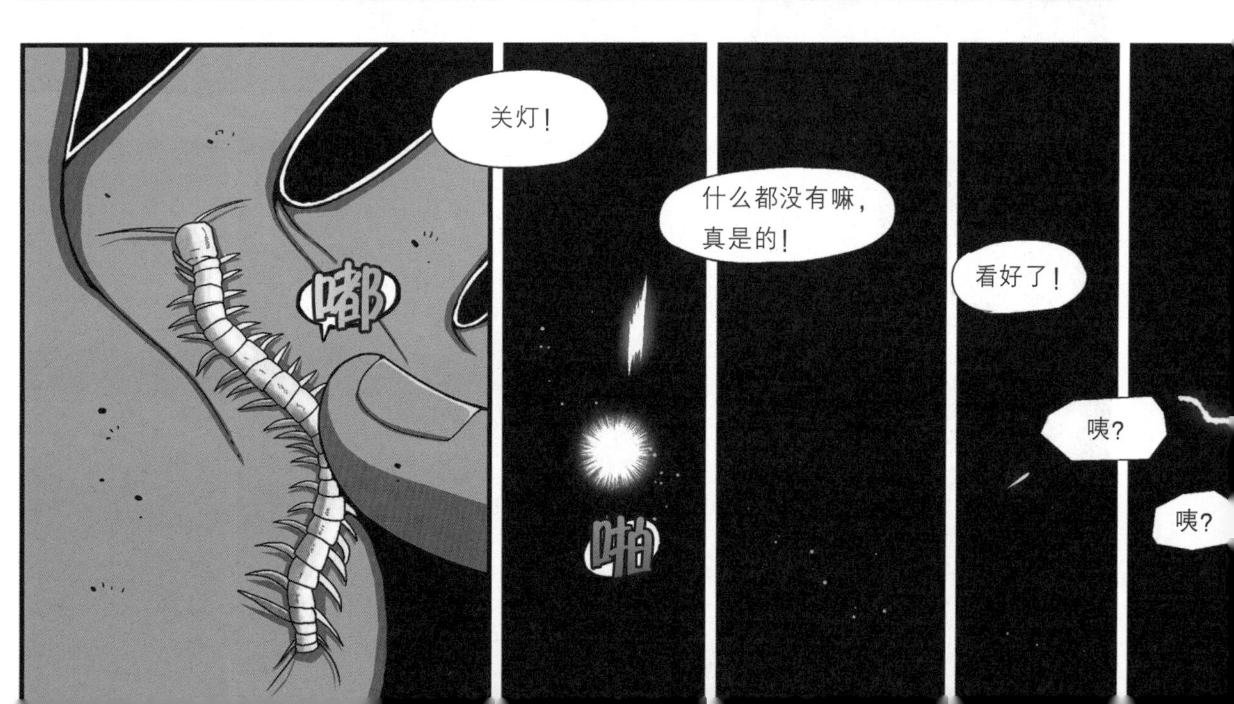
嘟
关灯！
啪
什么都没有嘛，真是的！
看好了！
咦？
咦？

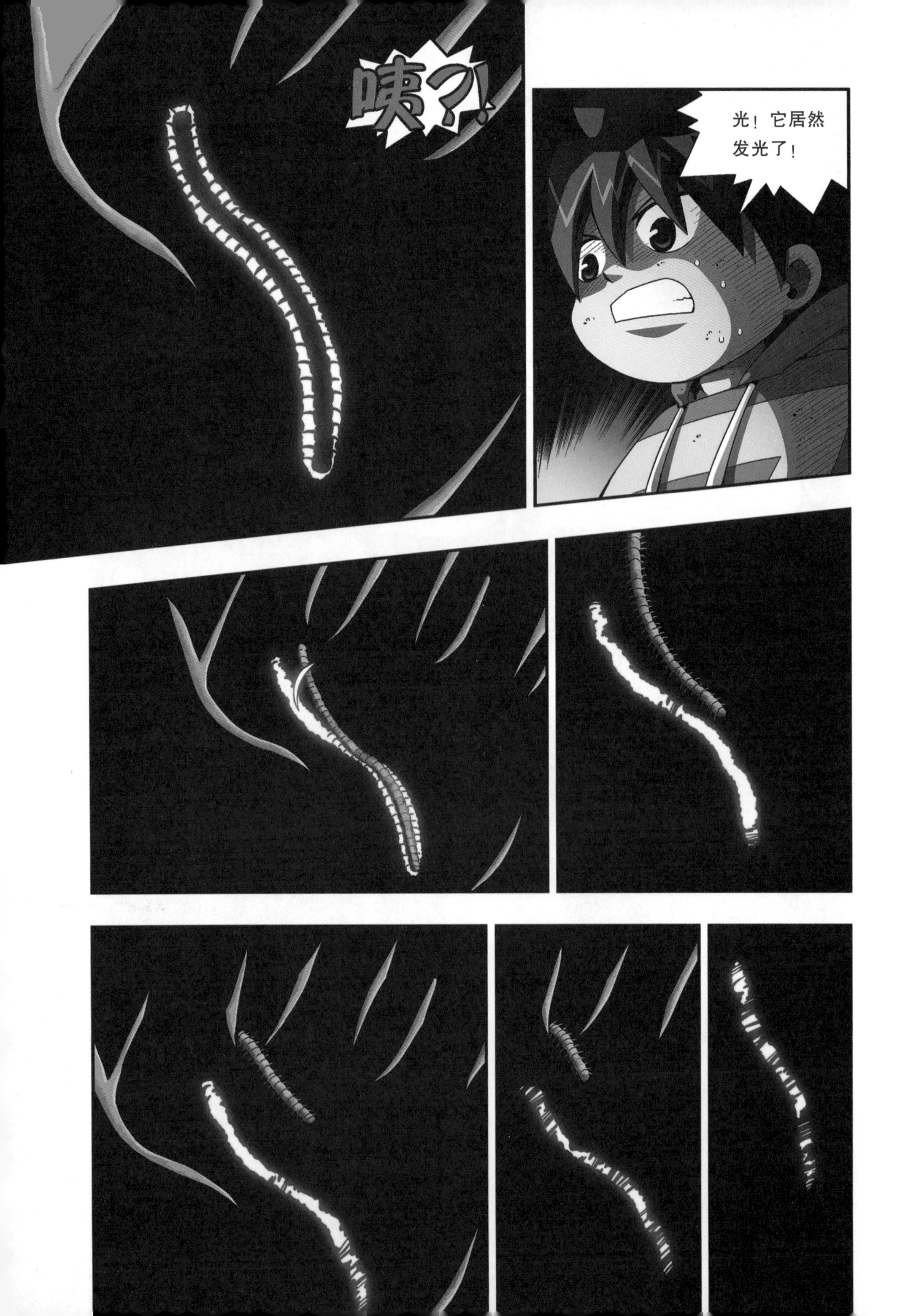
咦?!
光！它居然
发光了！

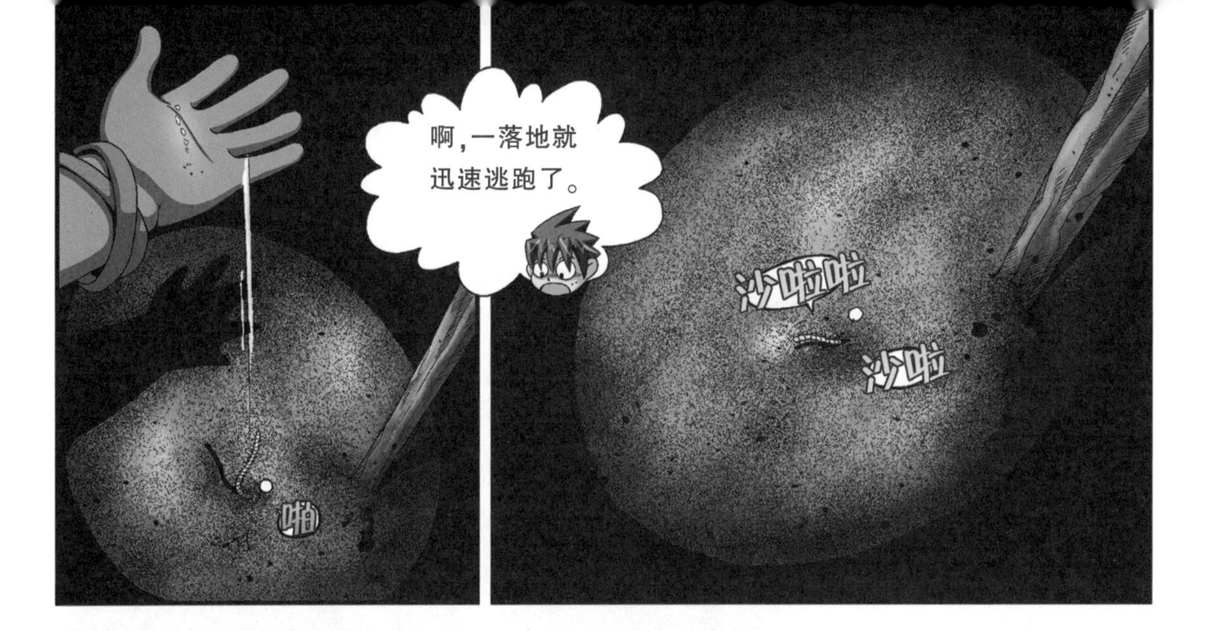
啪
啊，一落地就
迅速逃跑了。
沙啦啦
沙啦

怎么样，神奇吧？
还是不敢相信自
己的眼睛。

居然有会发光的蜈蚣，
真是想不到！

哎呀，要是带一
只回去，肯定能
引来围观吧？

嗷

这里的蜈蚣在感觉到危险时,会从体下分泌出发光的液体并迅速逃跑。这是一种生存技能。

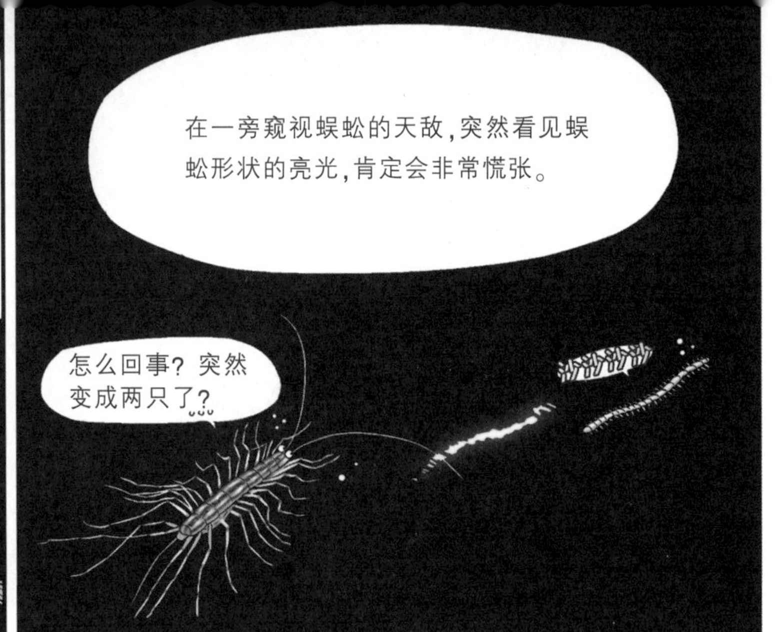
在一旁窥视蜈蚣的天敌,突然看见蜈蚣形状的亮光,肯定会非常慌张。
怎么回事?突然变成两只了?

萨莉玛,液体烫不烫?
一点儿也不烫,什么感觉都没有。

这就是说和萤火虫的亮光一样,是不发热的冷光。但它是如何分泌到体外的呢?

翻找
翻找
嘁!
到底藏在多深的地方?

啪嗒

咦呀呀
咣当当
怎么了？
发生什么事儿了？
噼噼噼
这、这是什么？

这不是蟋蟀吗？
胆小鬼……

啪

谁害怕了？只是突然被吓到了而已。看来这里真的有很多昆虫啊！
咳咳

现在可以睡觉了吧?
好啊。

喂,你去哪儿?
我去看看里面有什么东西。

害怕的话我和你一起去吧?

哼,用不着!

噗
噗
噗

咦,地面怎么突然变软了?

啊!!
铺着一层厚厚
的蝙蝠粪呢!
噗
看来蝙蝠住在
洞穴的深处。

沙沙
沙沙
沙沙
沙沙
沙沙
沙沙
沙沙

沙沙
刚才那是什么声音?
沙沙
停住
噗

咦?怎么感觉地面
在移动……
沙沙
沙沙

??
沙沙

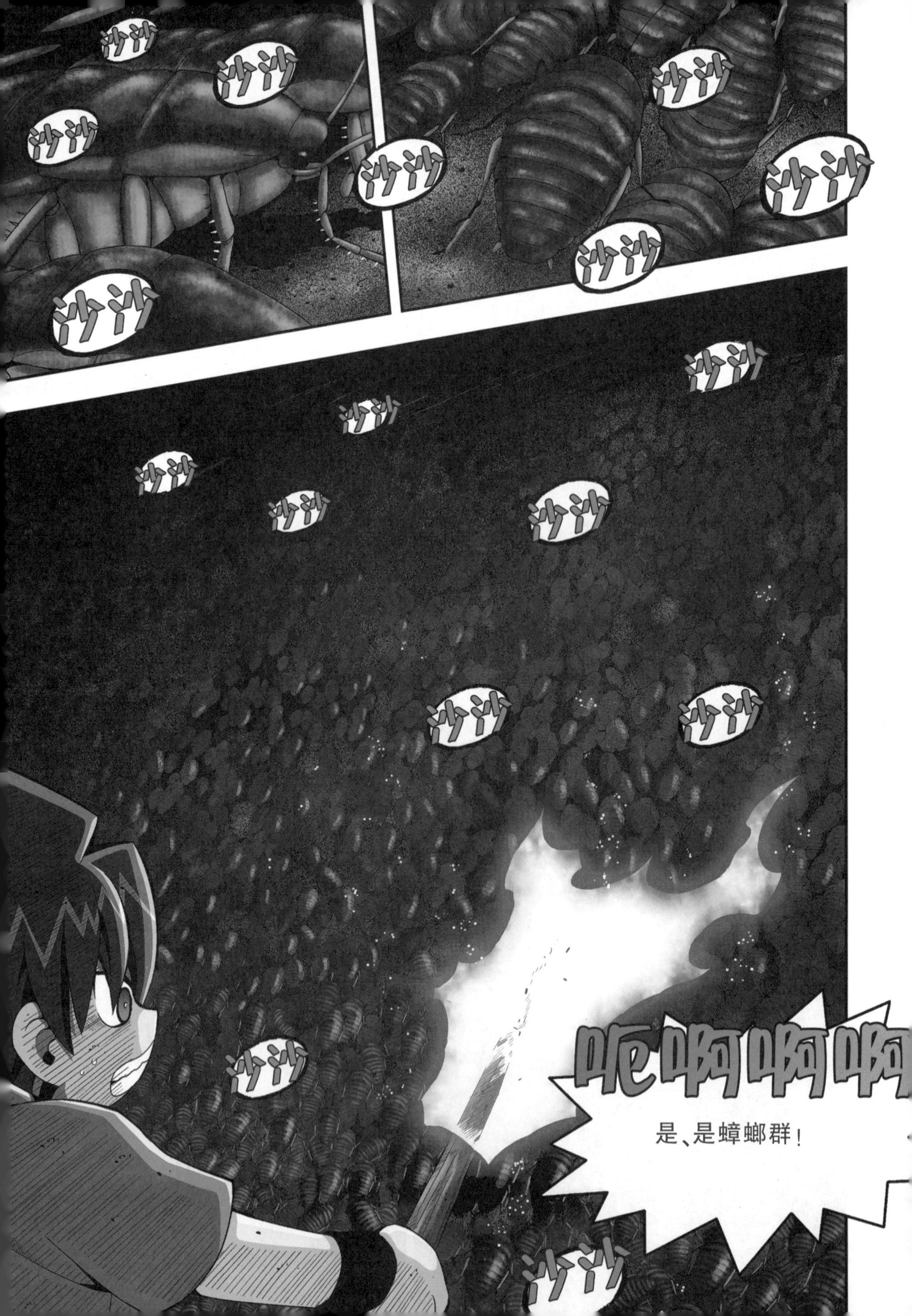
沙沙
沙沙
沙沙
沙沙
沙沙
沙沙
沙沙
沙沙
沙沙
沙沙
沙沙
沙沙
沙沙
沙沙
沙沙
呃啊啊啊
是、是蟑螂群！
沙沙

天然肥料的代名词——鸟粪

鸟粪(guano)主要是指“海鸟的排泄物”。在干燥的海岸地区凝固堆积的海鸟排泄物，因为含有大量对植物生长有益的磷酸成分，所以从古代开始就被用作肥料。现在，为了和鸟粪区分开来，我们把洞穴中的蝙蝠排泄物和洞穴中堆积的化石状生物尸体叫做蝙蝠粪。

洞穴生态系统和蝙蝠粪

在洞穴生态系统中，蝙蝠几乎是唯一能从洞穴外部带入营养成分的生物。所以蝙蝠的排泄物对于生活在洞穴内的生物来讲是非常重要的能量供给源，甚至说是洞穴生态系统的基础也不为过。实际上，在牙买加有这样的事例，当地人为了收集肥料而对蝙蝠粪进行滥采滥取，因而使蝙蝠群陷入了极度的恐慌中，有的死去，有的飞往别处，最终导致洞穴内的生物急剧消失，给洞穴生态系统造成了极大的破坏。

秘鲁海岸的鸟粪 作为有机肥料而备受瞩目的鸟粪常见于海鸟多的海岸，最大产地是秘鲁的干燥海岸地带。

蝙蝠粪照片

鹿洞入口的蝙蝠粪 经漫长的岁月堆积而成,成为调查以往气候和生态系统的珍贵资料。

鹿洞中的蜈蚣 生活在蝙蝠粪堆中的洞穴蜈蚣只要被碰触,就会分泌出发光物质,然后迅速逃跑。

第3章 活生生的化石

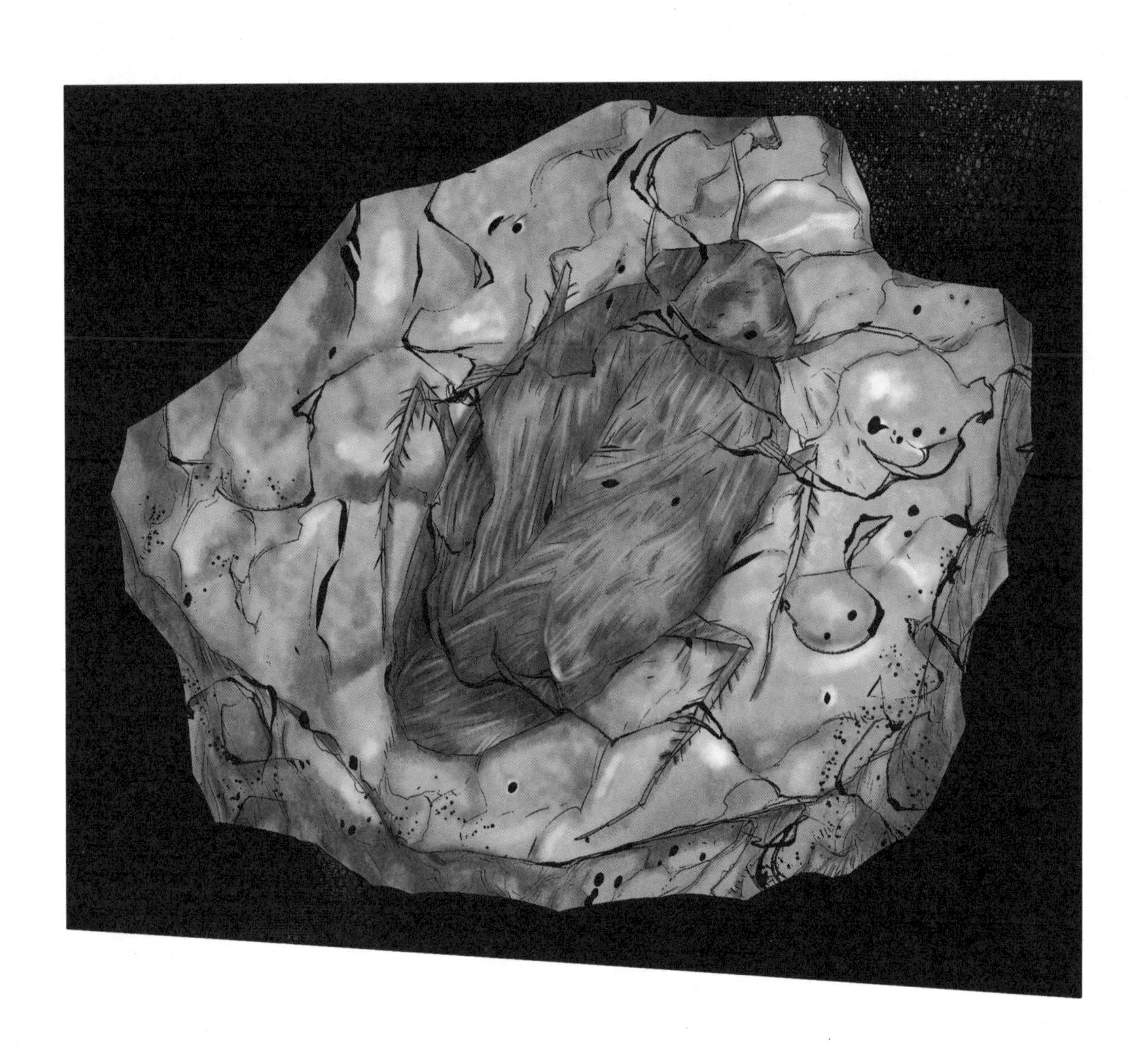

伙伴们！
伙伴们，快过来看看！
这不是小宇的声音吗？
他怎么么了？
我刚睡着……
啊哈

听声音好像很焦急啊！
噌

赶紧去看看吧。

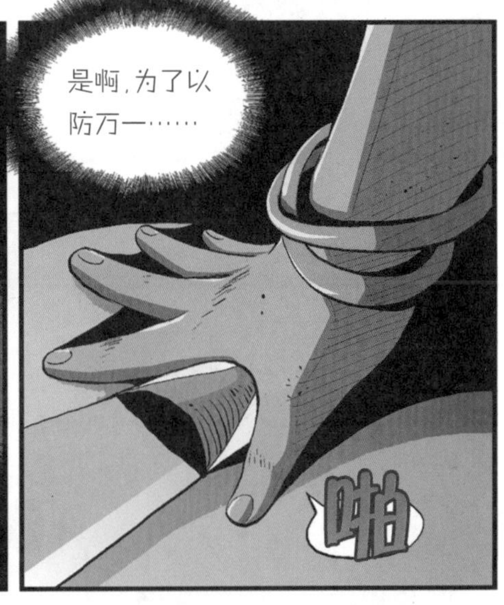
是啊，为了以防万一……
啪

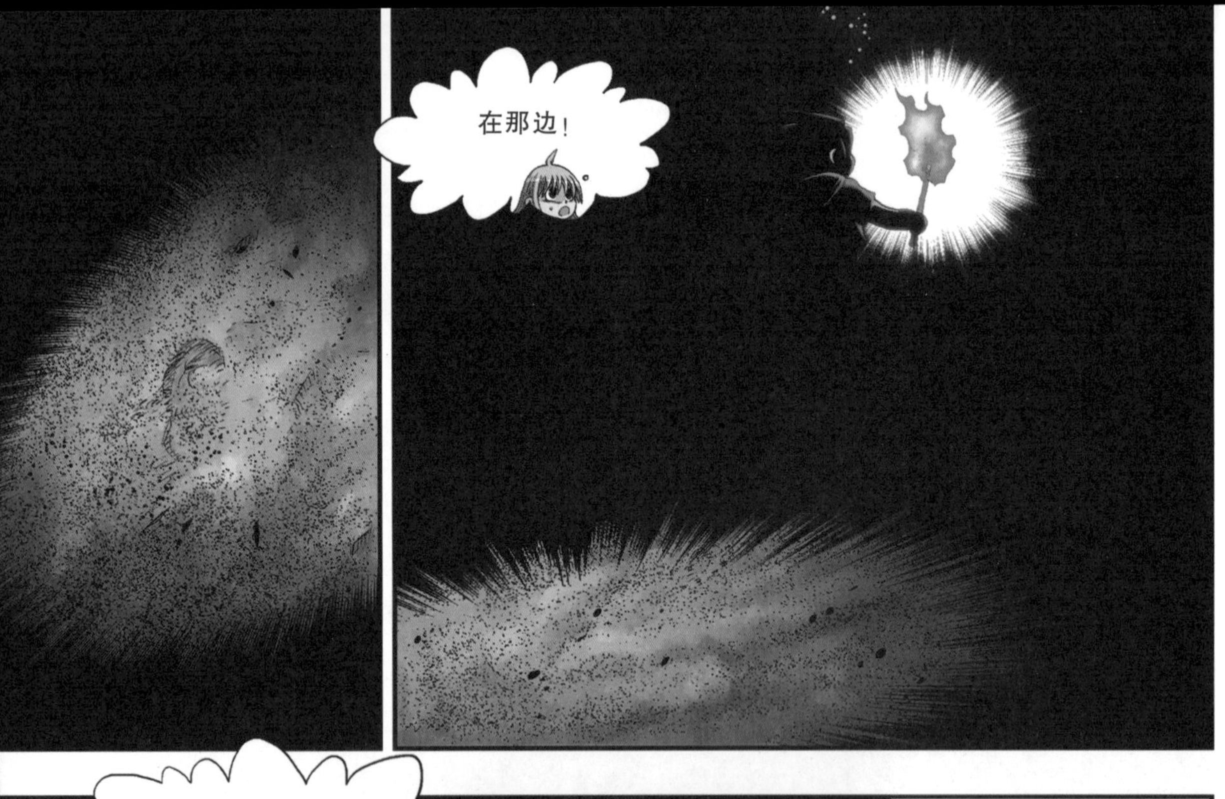
在那边！

小宇，你在那儿做什么？
你没事吧？

啊，我们还担心你来着，看来没有什么危险。
咦？

我看到了恐怖的东西所以才叫你们来。

什么呀！我还以为又出现了基因突变的昆虫，吓我一跳。
看了再说。

说不定这对你来讲比变异的昆虫更可怕。
……

究竟是什么呢？
看下面。
啊呀呀
蟑、蟑螂！
沙沙
沙沙
沙沙
沙沙
沙沙
沙沙
沙沙
沙沙
沙沙
沙沙
而且多得不计其数。

地面完全被蟑螂覆盖了！
好、好恶心！我浑身都起鸡皮疙瘩了！
沙沙
沙沙
沙沙
沙沙
沙沙
沙沙
沙沙
没什么特别的，怕什么！
虽然数量惊人，但毕竟只是蟑螂。
小宇你因为这种事就吵吵嚷嚷的，真让人心寒。
喂，住在干净城市中的我们和生活在原始雨林中的你能一样吗？
什么？

＊耐药性：多次服用某种药物而使药效降低的现象。

* 希沃特：简称“希”(英文缩写为 Sv)，是用来衡量辐射剂量对生物组织的影响程度的比较大的单位，通常毫希(mSv)和微希(μSv)用得较多。

哦,现在看来你也
懂点常识嘛。
什么?

你这是骂我还是夸我呢?
当然是夸你啊!

不过,阿拉……
嗯?

蟑螂爬到你的脚
上了,你没事吧?
沙沙
沙沙

啊呀呀呀
当然有事了,你
怎么不早说!
呃,看来不是一
般的讨厌啊!
跺脚
跺脚

去死吧，去死吧，该死的蟑螂！
哎呀，好恐怖！
统统给我去死！
嘭嘭
嘭嘭
阿拉更恐怖吧？
嘭嘭嘭
讨厌死了！
嘭嘭
她好像很享受的样子……

嗯？

为什么只有那边突出一块？
沙沙
沙沙
沙沙
沙沙

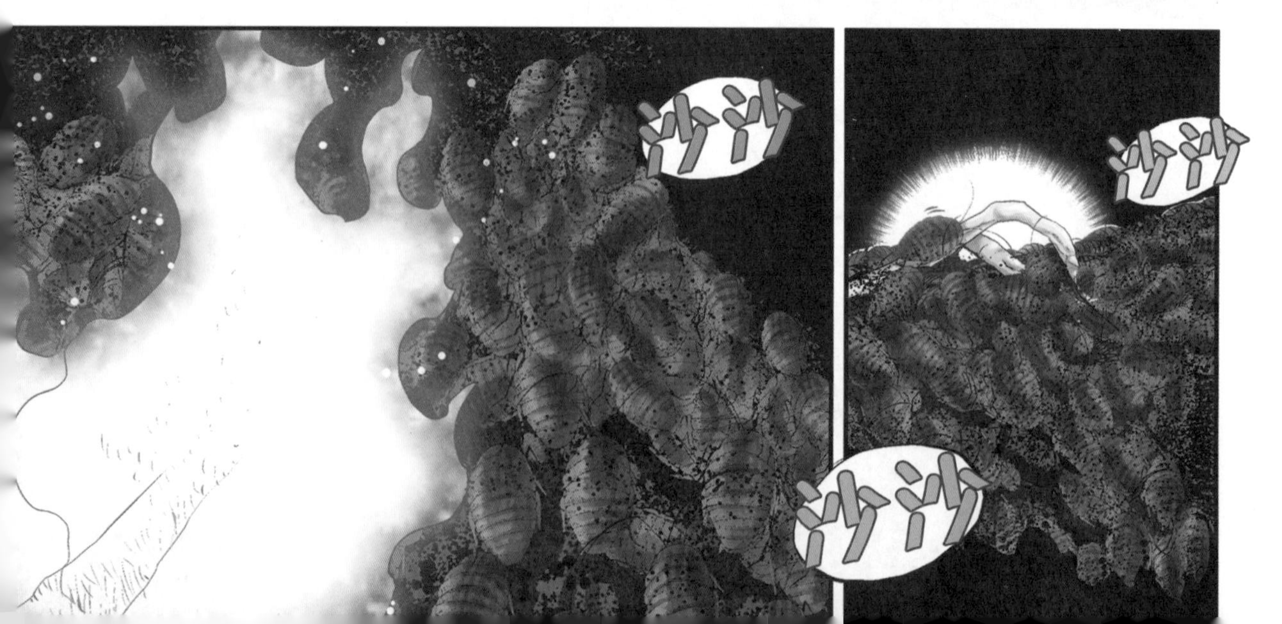
沙沙
沙沙
沙沙

呃啊
咣
咣
沙沙

是……是骸骨！
什么？

这不是牲畜的头骨吗？
沙沙沙沙

没想到你胆子还真小啊！
突然冒出来我才被吓到的嘛。

这些蝙蝠粪堆里不光有蝙蝠的排泄物，还含有洞穴动物的尸体。

但在 3 亿多年前的古生代石炭纪，蟑螂就已经在地球上存在了。

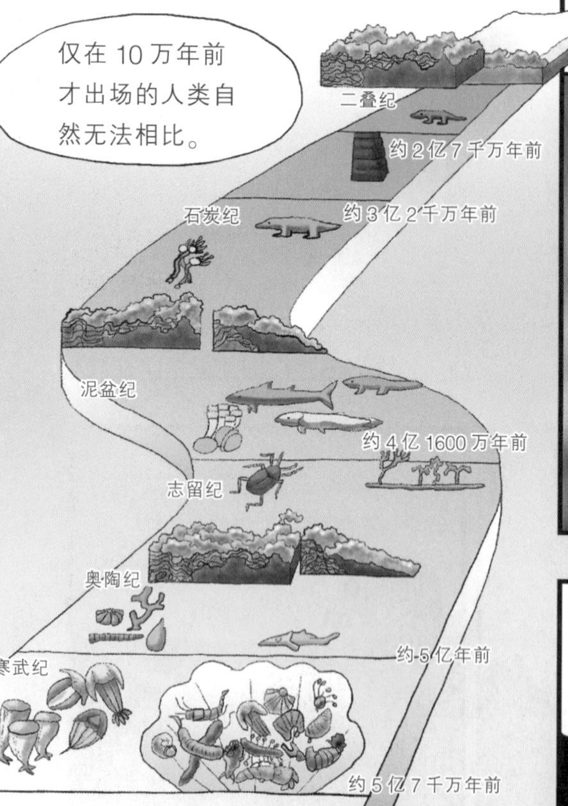

此外，对古生代的蟑螂化石研究的结果表明，它们和现代的蟑螂几乎是相同的形态，所以蟑螂又被称为“活化石”。

3亿5千万年前，地球的气候不是像冰河纪一样急剧变化过几十次吗？但蟑螂仍然没怎么进化，那不是说明它们从那时起就已经处于适合生存的最佳形态了吗？
没错。

不管是腐烂的植物还是动物的尸体，蟑螂都能吃，所以才能在最恶劣的环境中生存下来。

别看小小的蟑螂，却蕴涵着地球的历史。这样说过分吗？
不过分。

是非常恰当的比喻。
哎呀，是吗？
呵呵呵呵！
他俩一唱一和，还真来劲儿。
一团和气
什、什么呀？
这种氛围……
刷
啊呀呀

现在赶紧睡吧，明天该起不来了。

啊哈！我的眼睛也快睁不开了。
啊，好累啊！

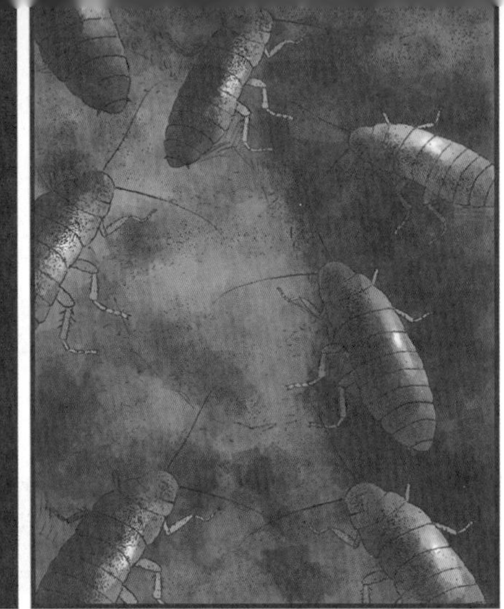

沙沙

沙沙沙沙

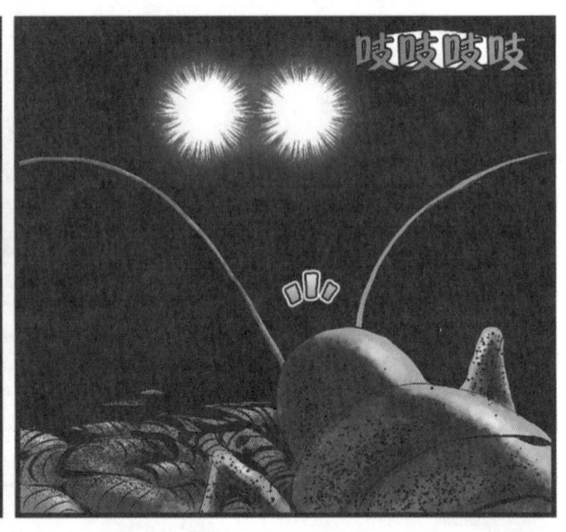
吱吱吱吱

刷刷
吱吱

啪啪啪

啊啊

挣扎
挣扎

咯吱
咯吱
咯吱吱

咯吱吱

吱吱吱吱吱

呃呃——
妈——
嘭
嘭
我抓回来一只
蟑螂,看!
啊……不要!
别过来!
哎呀
啪

我让你走开!
啪啪
妈……妈妈,我错了,
下次再也不敢了!
啪啪啪

扑棱棱棱棱

嘭

吱
吱吱

吵死了！

扑棱
呃，嗯……
扑棱

蝙蝠的声音这么嘈杂，看来天快亮了。
嗯嗯！
已经是早上了吗？好像没睡多久的样子……
因为太疲劳了才这样的。
小宇、小明！快点儿起来！
呃嗯！
嗯……
哦？
嗯？
知道了，这就起……
噗哈哈哈！你的脸怎么这副样子？
还沾着蝙蝠粪，真有看头呀！
啊，这个？被我妈打的！
肿
肿
奇怪呀！胳膊肘怎么这么疼呢？
奇怪啊。明明是在梦里被打的，为什么眼睛又肿又疼呢？
我们大概了解了……
你妈？说什么梦话呢？

生存名将——蟑螂

蟑螂是地球上最古老的昆虫之一,约3亿年前就出现了。除了两极和海拔2000米以上的地区,全世界生活着数千种蟑螂。其中褐斑大蠊、灰色蟑螂、黑胸大蠊、条纹森蠊、美国大蠊等20多种对人类的危害较大。蟑螂体内的物质可以使人类产生过敏、哮喘和皮肤病等疾患,蟑螂还可能进入下水道传播各种病菌。

●特征　蟑螂可谓是拥有顽强生命力的生存名将。蟑螂体内储存着大量营养物质,哪怕一天只喝一滴水,也可以存活几十天。另外,人类的食物它们通吃,而人类不能吃的纸张、石油、皮革、头发、指甲等它们也能吃,可以说几乎没有它们不吃的东西。

●习性　喜暗怕光,昼伏夜出,喜欢群居,比较耐饥但不耐渴。蟑螂最大限度地吃掉食物后,回到藏身处再吐出来,与其他蟑螂分享。人类利用它们这种习性,制成了食物形态的除蟑螂药剂。

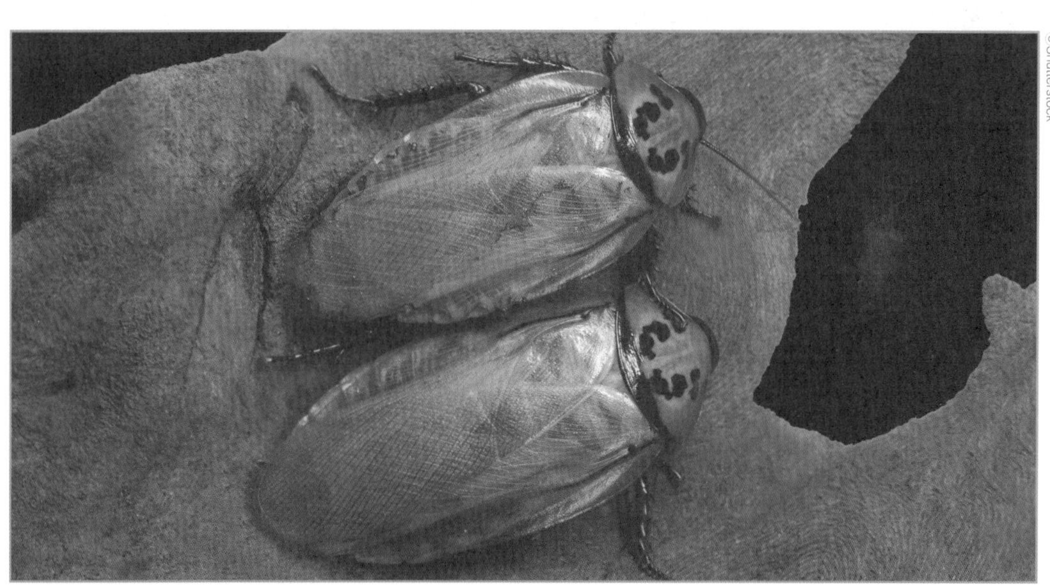

雨林中的蟑螂　不同种类的蟑螂,个体大小有很大差异。德国小蠊体长不超过1.5厘米,但热带的蟑螂有些可达9厘米。

穴居昆虫的特征

●身体的颜色　在洞穴内反正什么也看不见,因此没有必要用保护色来保护自己,所以大部分穴居昆虫都没有颜色。但这些无色的昆虫来到洞外被阳光照射时,会迅速变成适应自己的颜色。

●长长的触角　在洞穴内生活的大部分昆虫都长着非常长的触角。在洞穴内,视力几近丧失,从而需要其他的感觉器官来代替。

●翅膀退化　洞穴内的营养成分极少。只生存在洞穴内的昆虫为了尽可能减少营养的消耗,运动器官退化,有些甚至已没有了翅膀。

穴居昆虫的食物

以昆虫为代表的居住在洞穴内的大部分动物主要以蝙蝠的排泄物为食。此外,偶尔顺着江水漂浮进来的动物尸体、枝叶等也是它们很好的食物。

©Alan Cressler

在鹿洞内发现的蠼螋　虽然身体的颜色不是白色的,但长长的触角正是穴居昆虫的典型特征之一。

第 4 章　黑暗中的危险

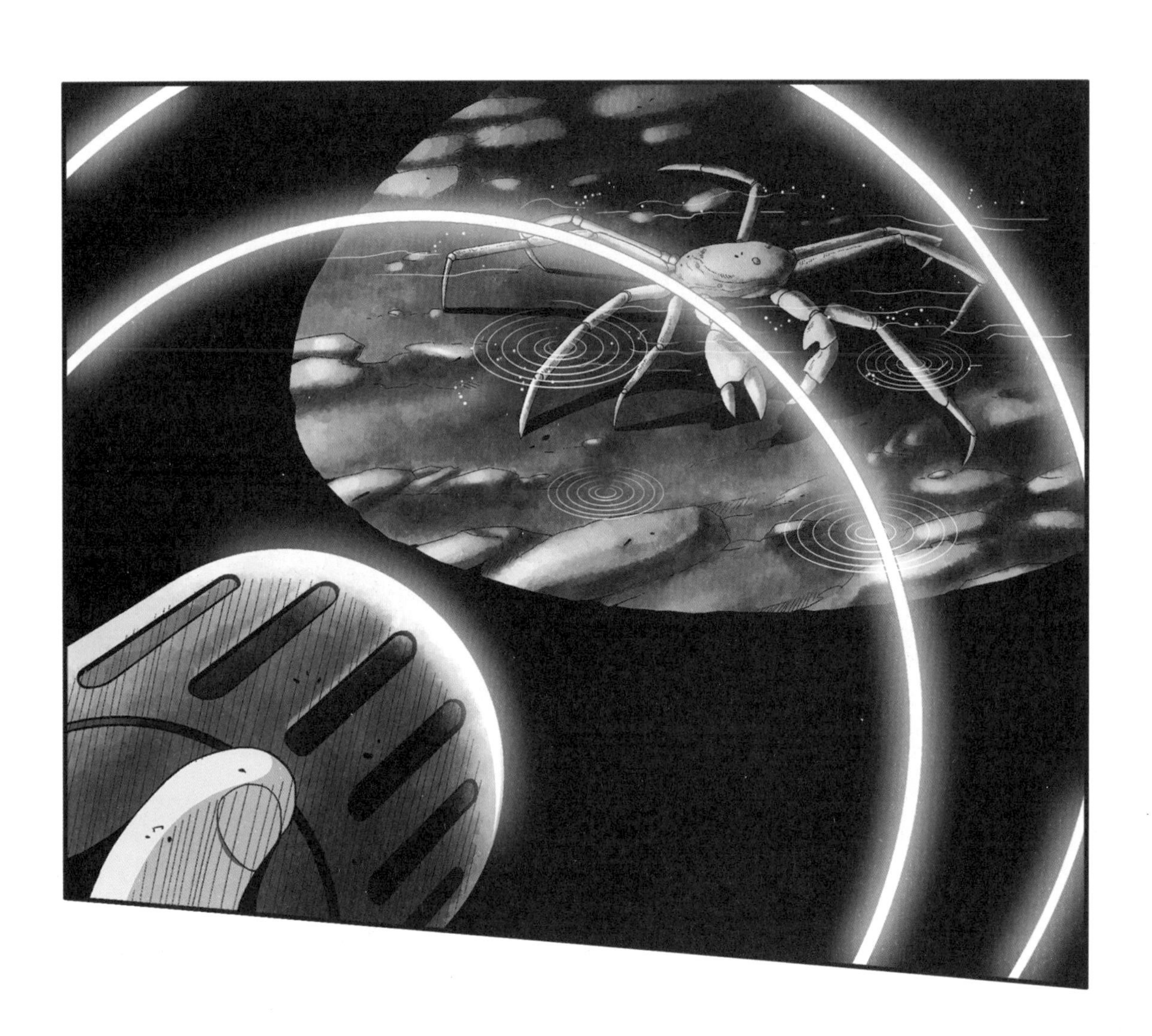

吭
吭

啊啊啊，好臭！怎么能这么臭呢？
你乱拍打什么呀！
拍
拍

脏死了，快去洗洗！
那个……

这么大的石灰岩溶洞，里面应该有水洼或流动的水。
知道了。

都一样睡觉为什么只有你脸上沾了蝙蝠粪？看来你睡觉时也不老实。
嗯？
那个，阿拉……

你的脸上也有……
什么？

哎呀~讨厌!
那我们手拉手一起去洗洗吧?
哇哈哈
……
不该告诉她吗?
啪
啪
啪啪啪

啊,对了……
沮~~~丧
你们趁机抓些蝙蝠吧?肚子饿死了,有烤蝙蝠吃也好。
什么?!

抓、抓、抓蝙蝠?
你要吃它们?
那可是长着翅膀的"老鼠",老鼠!
你以为在这种洞穴里还有牛排吃吗?一点儿都不懂事。
蝙蝠很好吃哟。

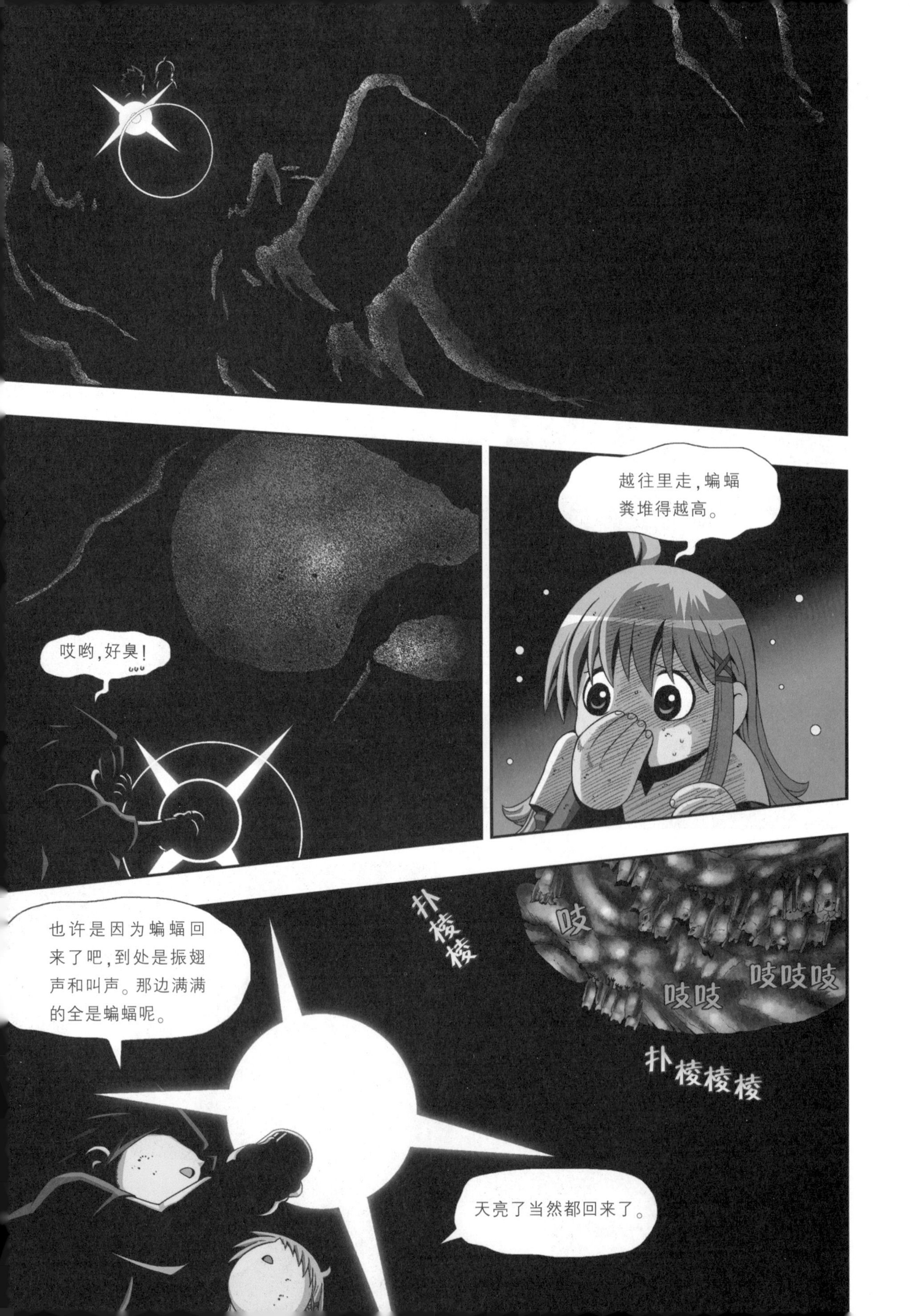
越往里走，蝙蝠粪堆得越高。
哎哟，好臭！
扑棱棱
吱
吱吱吱
吱吱
扑棱棱棱
也许是因为蝙蝠回来了吧，到处是振翅声和叫声。那边满满的全是蝙蝠呢。
天亮了当然都回来了。

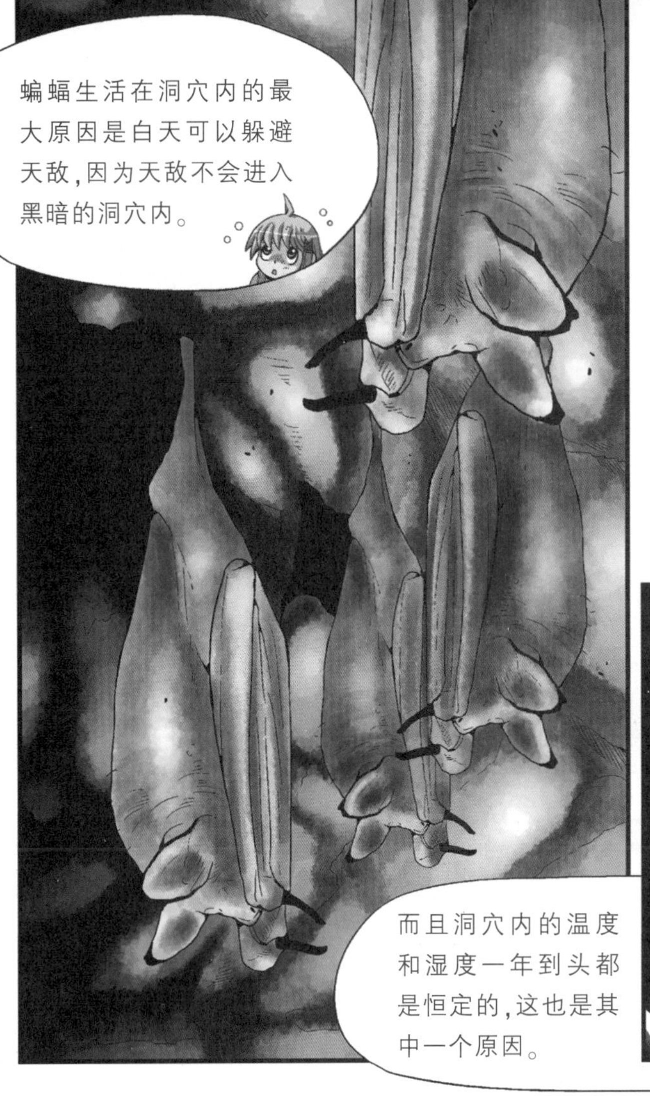
蝙蝠生活在洞穴内的最大原因是白天可以躲避天敌,因为天敌不会进入黑暗的洞穴内。
而且洞穴内的温度和湿度一年到头都是恒定的,这也是其中一个原因。

那么蝙蝠全都是夜行性的吗?
不全是。

蝙蝠的种类有900多种，其中大部分是夜行性的,但也有极少数白天活动的。以食性来分,蝙蝠可分为两类:主要捕食昆虫的食虫性蝙蝠和以水果或花粉为食的食果性蝙蝠。
啊,都是一样的吸血动物,你干吗这样啊?
又不是外人。
嗡嗡～
谁和你是一样的动物啊?区区一只小蚊子!
吧唧
吧唧
那好吃吗?
印度狐蝠
70%的蝙蝠都是夜行性的,以食虫性蝙蝠为主;还有30%的蝙蝠可能会在白天活动。

那“蝙蝠侠”也是因为害怕天敌，才只在夜晚出没吗？
嘭

那不是电影吗，你这个傻瓜！
是、是吗？
暴怒
嗒嗒
嗯？
怎么了？
是、是蝙蝠粪！
哎呀
这些家伙！好像专等着我们来才排泄似的。
啪嗒
啪嗒嗒
快躲开呀！

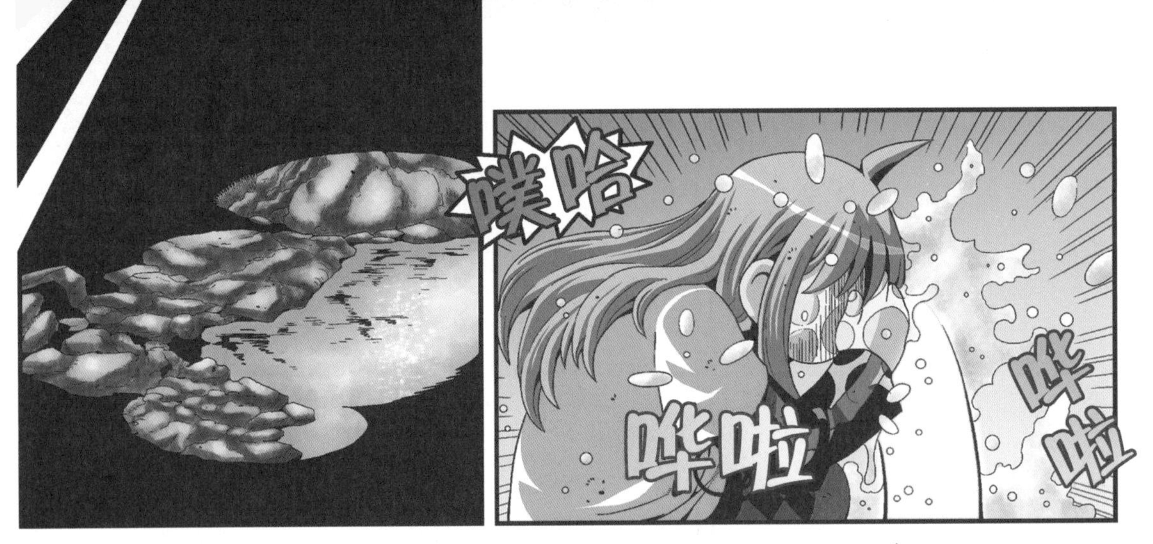
噗哈
哗啦
哗啦

呼！
呼！这下轻松点了。
噗哈
哗啦

哇呀，好凉爽！

咦？

盲眼穴居蟹是一生都只生活在洞穴内的真洞穴动物。为了适应黑暗的环境,它们的眼睛已经退化了。

真神奇！也对，在什么
都看不见的黑黢黢的
洞里眼睛也没什么用。

反正看到这种东西就觉
得生命真是异常神奇。

你把蟹放兜里干什么？
嗯？

还能干什么？一会
儿烤了吃啊！
刚才还说生命很神奇！
马上放了它！

什么？

一只蝙蝠也没抓到？

哎，到处都是蝙蝠，
怎么还抓不到呢？
洞顶太高了，而且
也没有小石子，要
抓蝙蝠可不容易。
你们有没有
努力抓啊？

嘁，早知道这样的话就把
盲眼穴居蟹带回来了。

喂，手指大小的盲眼
穴居蟹有什么可吃
的，抓回来干什么？
多抓点儿不
就行了。
真是对不
起了！

反正既然进来了，来
个洞穴探险怎么样？
顺便找点吃的东西……

不会有危
险吧？
我们什么时候还能再
来到这种洞穴呢？
我赞成。
不浪费太多时间的话，
好像可以接受。
太好了，
出发！

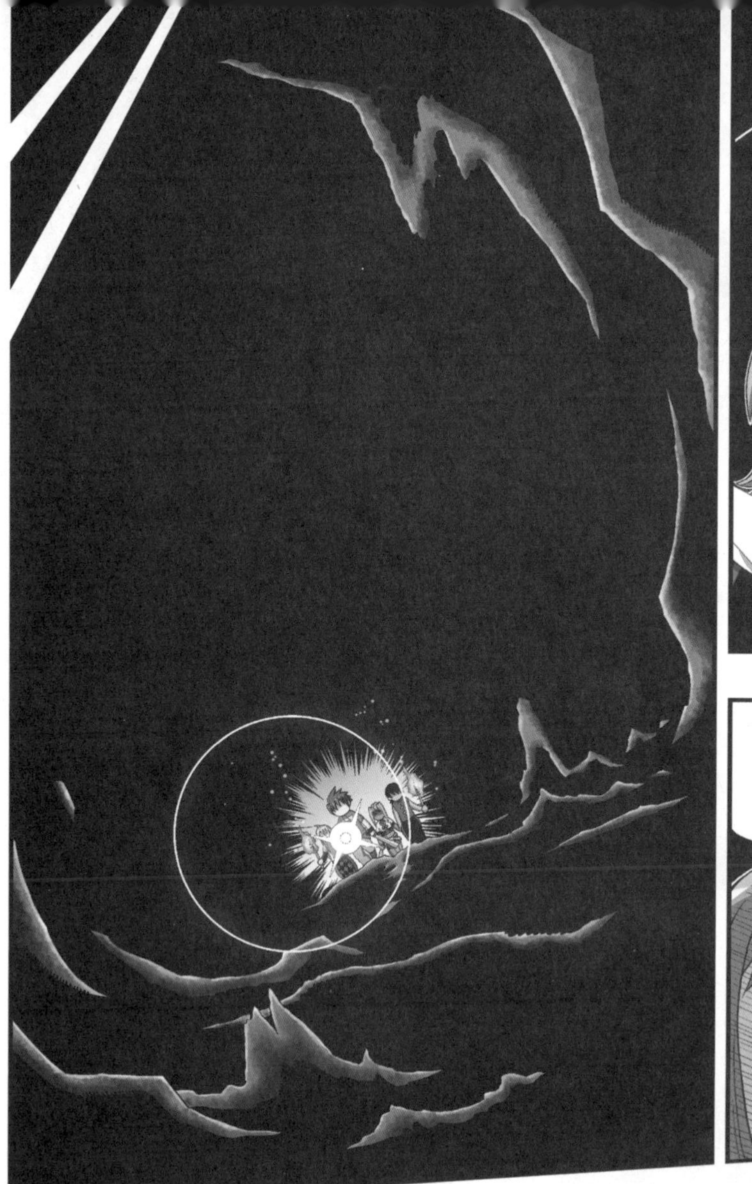

小宇!

洞顶好像越来越低了呀?

欸?
可不是吗?

话说回来……

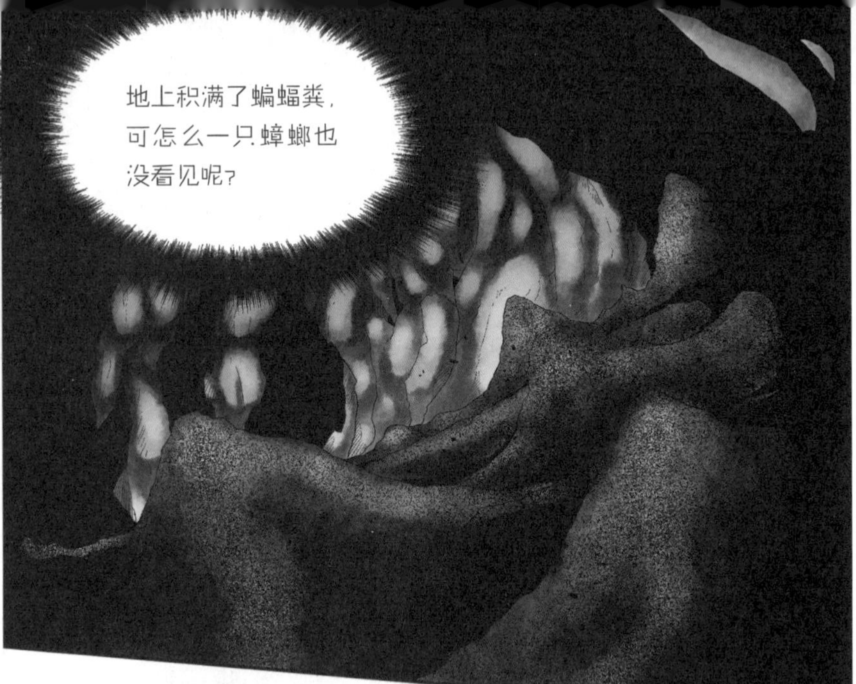
地上积满了蝙蝠粪，
可怎么一只蟑螂也
没看见呢？

当然，没有更好。

前面好像有水声啊？
是吗？

那就是说有江水
或瀑布……
正好口渴得很。

扑棱棱棱
啊？

扑棱棱棱棱
哇呀
哪、哪儿冒出来
的蝙蝠群啊？
现在应该是蝙蝠睡
觉的时间吧？
!!
没错。我们可不
能就这么挨饿！
哗

就算抓一只吃也好！
啪啪
嗖嗖
吱呀呀

砰
吱吱
啊！
打中了！

是吗？是我打中的吧？

连自己都感到吃惊啦！
哇哈哈哈，居然能一下打中飞来飞去的蝙蝠！
啪
好像掉在那边了！

让我看看。好像就掉在这附近了……
什么嘛！什么都没有呀！
这就对了，又看不见，你不可能一下就打中蝙蝠。
明明打中了呢。

嘭
咦？

沙沙
是什么呀？

咚
啪嗒嗒
啪嗒

呃啊啊！什么，
这是什么呀?!
啪嗒嗒
啪嗒
啪嗒

这、这是……

洞穴蚰蜒！

婆罗洲洞穴蚰蜒大的也就20厘米长左右，这只起码有两倍那么大了。
看起来超过50厘米了。

莫非基因突变发展到洞穴内了？

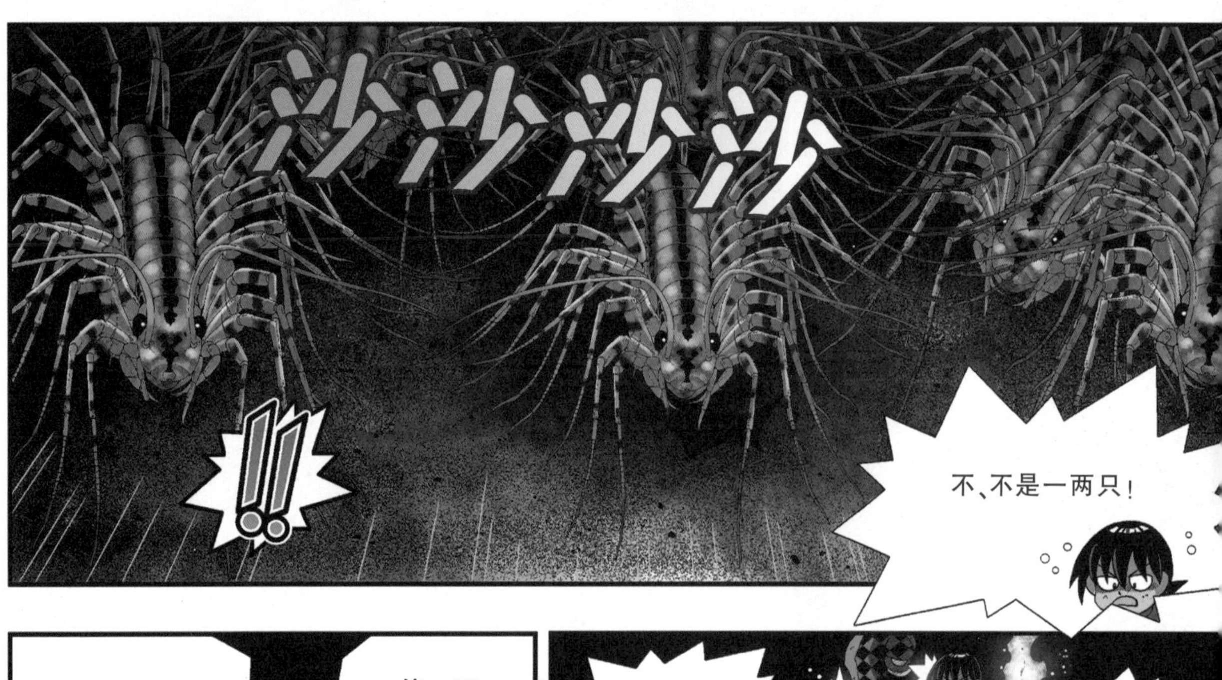
沙沙沙沙沙
!!
不、不是一两只！

后面也全是！
什么？
沙沙沙沙沙

快点儿回去！
等一下。

沙沙

这、这个……

沙沙沙沙

上面也有！

我们被彻底
包围了！

沙沙沙沙沙沙

什么是洞穴动物

如字面意，指的是生活在洞穴中的动物。洞穴动物拥有适应洞穴内特殊环境的最佳身体构造，是研究动物进化和适应性的重要资料。洞穴内不仅几乎没有阳光，几乎没有白天与黑夜、季节与温度的变化，而且可以摄取的营养成分也极少，并不是适合生物生存的环境。因为植物无法生长，所以草食动物完全无法在此生存，大体型的生物也因无法觅到足够的食物而难以生存。但洞穴内环境几乎不会发生变化、生存竞争也不激烈，所以这里生存着一些早已在陆地上灭绝的、可称为“活化石”的动物。

洞穴动物的种类

外来性洞穴动物

●**来客性动物** 指的是虽然生活在洞穴中，但也经常去洞外活动的动物。其中白天在洞穴内活动，晚上去洞外寻找食物的动物叫做周期性洞穴动物，最典型的就是蝙蝠和突灶螽。

挂在洞顶上的蝙蝠 典型的周期性动物，除南极与北极外，几乎所有地区都有分布。

●**迷入性动物** 不小心误入洞穴或因特殊情况暂入洞穴生活的动物。

洞穴性动物

●**喜洞穴动物** 指的是在洞内和洞外都能正常生活，形态和生态几乎无差别的动物。在洞穴内常见的蜘蛛类、甲壳类、蝗虫类、跳虫类等都属于这一类。

●**真洞穴动物** 一生只生活在洞穴内，绝对不会到洞外去的动物。它们一般没有眼睛，皮肤很薄且不具色素，新陈代谢缓慢，个体较小。韩国有种特有的步甲属昆虫，体长约2~4毫米，8个月不进食仍能存活。

盲眼穴居蟹 在洞穴内特殊进化的真洞穴动物，体长不到20毫米，身体上没有眼睛和色素。

第5章　洞穴内的血战

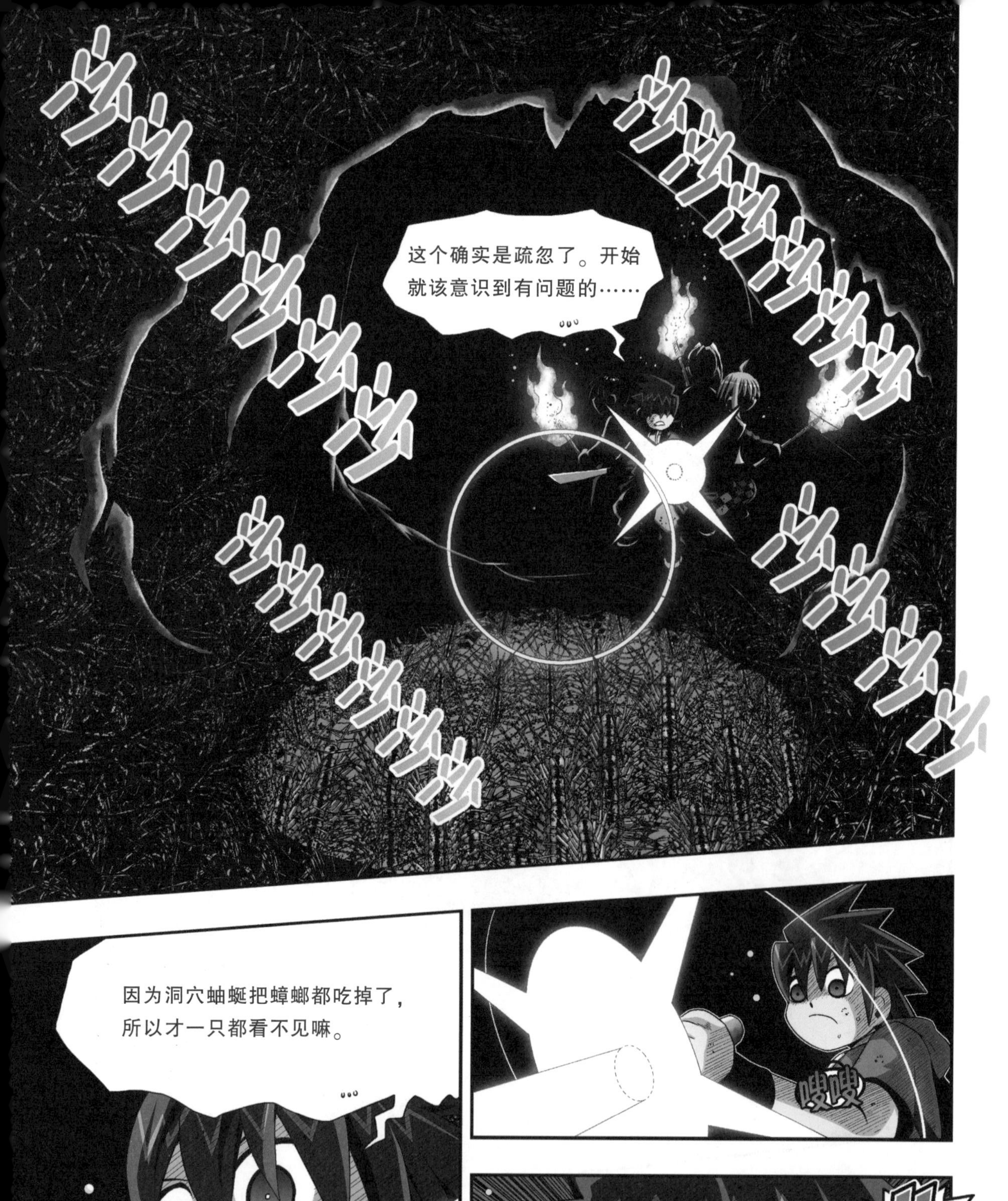
这个确实是疏忽了。开始就该意识到有问题的……

因为洞穴蚰蜒把蟑螂都吃掉了，所以才一只都看不见嘛。
嗖嗖
!!

沙沙沙沙沙沙沙沙
要疯了,它们还在无休止地涌过来!
后面也一样!
哗啦
哗啦啦
木剑借我一下!
握紧
嚓
萨莉玛,现在怎么办?

能怎么办？
必须突围！
这里离入口比较远，而且说不定它们会紧追不舍，我们往里走吧！听到水声就说明有河。
也有可能不是河，只是流动的水呢？
万一不是河的话……
啪

啊呀呀
呃，恶心死了！
帮我拿开它！
啪嗒
嗖嗖嗖
嘭
啊！
吓坏了吧？
啪

呼啦
啪啪
啪
啪
唰啦
休想偷袭！
咔嚓
咦呀呀
啪嗒
唰啦
唰啦

呼啦呼啦啦

这些家伙，腿被砍断了还能动！我鸡皮疙瘩都起来了！
蠕动
蠕动

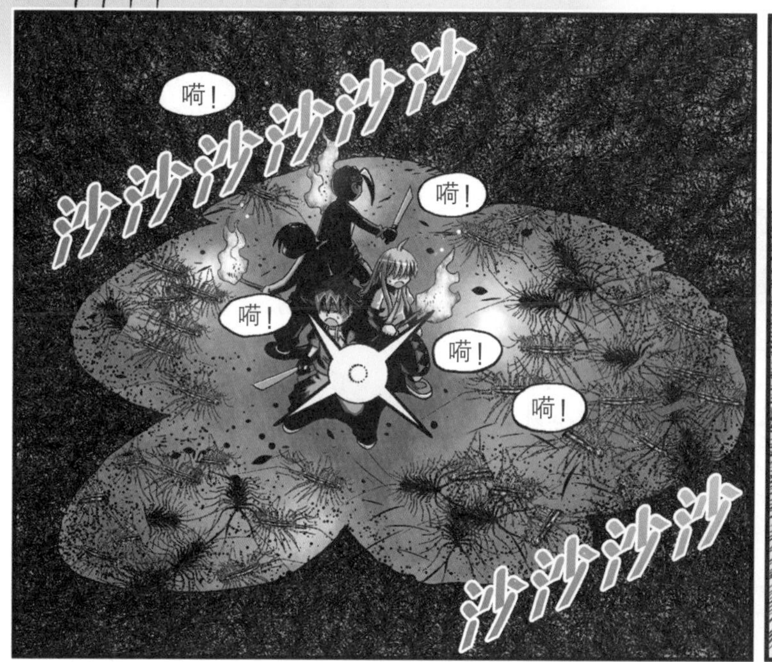
沙沙沙沙沙沙
嗬！
嗬！
嗬！
嗬！
嗬！
沙沙沙沙

蚰蜒遭受攻击时，会自己断腿逃跑，是聪明且生命力很强的家伙。

啪啪啪

我们耽误太多时间了，
现在开始向外冲！
刷啦
刷啦
好的，我来负
责后方。

刷啦
刷啦
咿呀呀

阿拉跟上，千万
不要落下！

知、知道了！
刺刺

大家不要拉开距离，
保持适当的间隔！
咔
咔咔
咔
咔
咔
知道了！
咔
咔
来吧！
胆子不小啊！
嘭
小宇，我们再加
快些速度吧！
咔
咔
咔咔咔
嘭
嘭
OK！

真……狼狈。

被堵住了。
怎么停了？

一个巨大的蝙蝠粪堆
完全挡住了通道。
咣
!!

啪啪啪

呼啦
呃啊
呼啦啦

先靠近洞壁！
嗒
嗒嗒

刺刺刺
嗬！
嗬！
嗬！
嗬！
嘭
怎么杀也杀不完，
现在怎么办呢？
嘭
嘭
嘭
嘭
沙沙沙沙沙沙沙沙沙
沉住气，阿拉！现在
放弃还太早！
嗯。
萨莉玛，这样下去就完
蛋了。你和我开出一条
路强行突围吧！
知道了！

数到三我们就顺着斜坡爬上去,大家一定要跟上!
阿拉,听到没?不要管蚰蜒跟没跟着你,只管往前冲!
嗯,嗯。
二!
一!
三!
咔咔
咔咔
咔咔咔咔

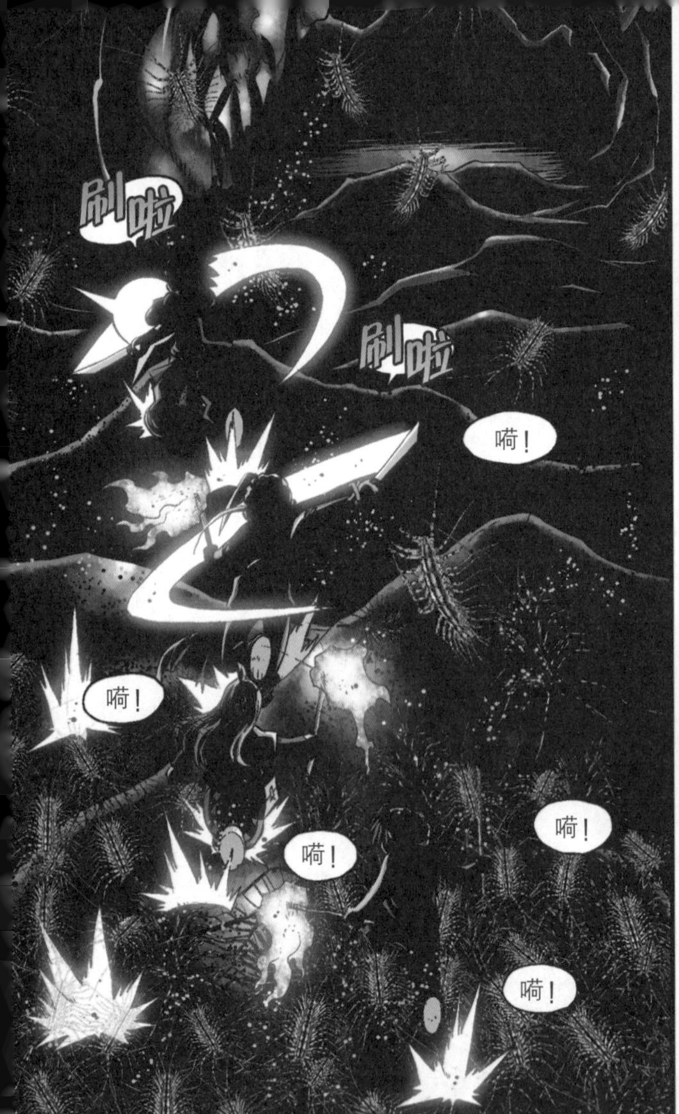
刷啦
刷啦
嗬！
嗬！
嗬！
嗬！
嗬！

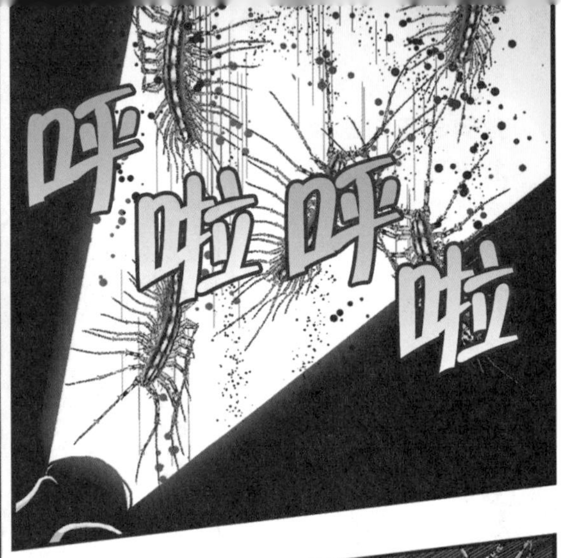
呼啦呼啦

呋呋呋呋
就要爬上来了！

噗噗

呃！
噗
噗

萨莉玛,快一点儿!放慢速度可不行!
我的脚陷进去了!
嘭

呼啦啦
哎呀
呃啊啊啊
嘭嘭
快跑
嘭
嘭
嘭

看到出路了!

呃啊啊
啪
啪
啪
啪
噫！

踉跄
哇啊

呃啊啊啊
咣当当

小、小心！
是个悬崖！
刷啦啦

哎呀
呃啊啊
呃啊啊啊
刷啦啦啦啦

刷啦啦啦

呃啊啊！

嗒

咦，是水？
猛然

是条河！

伙伴们！前面
有条河！

大家快点儿！
跳进河里去！

呃呃，头好疼啊！

呼啦啦啦啦
呼啦

阿拉，快点儿起来！
蚰蜒群扑上来了！

哎呀
嗒
嗒

小明！
你和萨莉玛先跳进河里吧！
哗

阿拉怎么办？
交给我吧，没必要都去冒险。

啊啊啊啊啊
刷啦啦啦

阿拉，在地上
用力打滚！
啪啪啪啪
咿呀啊啊啊啊
呼呼
刺刺刺

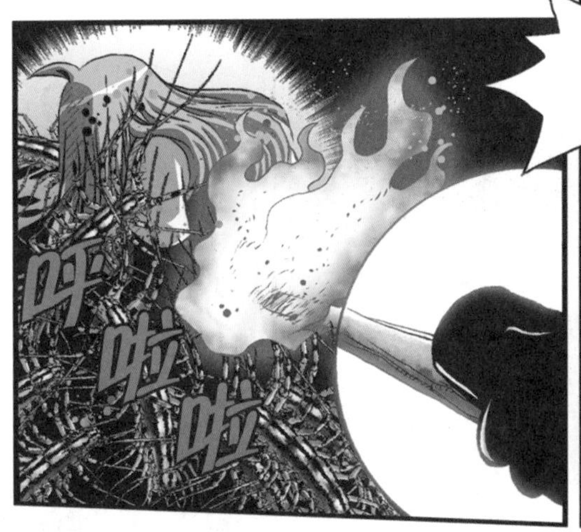
呼啦啦

小宇！
抓紧我的胳膊！

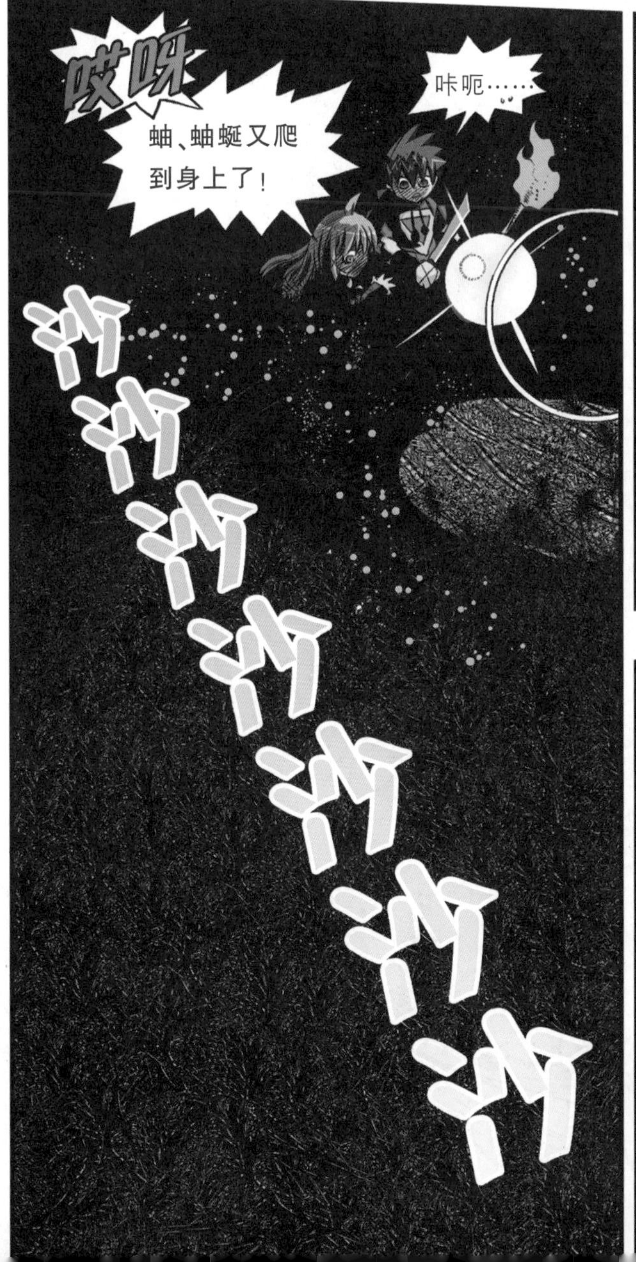
哎呀
蚰、蚰蜒又爬到身上了！
咔呃……

不管它，还有几米就到河边了。
快跑！

起跳！
嗞！
再加把
劲儿！
刷啦啦啦啦
呱唧
呱唧
呱唧
还差一点
儿……
呱唧

蜈蚣的近亲——蚰蜒

蚰蜒是一种体长为2~7 厘米的节肢动物，形态结构与蜈蚣很相似，为方便嚼碎食物而长有发达的毒颚，但从未攻击过人类。虽然相貌恶心，却是捕食蚊子、苍蝇、蟑螂等害虫的益虫，也以其他昆虫的蜕皮、卵等为食。喜欢温暖的地方，气温降低时也会侵入人类住宅。在古代的东方，因为其多在温暖的房子(富人之家)内出现，所以又被称为“钱串子”。

●特征　居住在屋顶下、树林的杂草丛和洞穴中。刚孵化的幼虫有 4 对足，每次蜕皮体节与足的数量都会增加，成虫时有细长的 15 对足。每只足都有几十个节，可以柔韧地移动。遇到敌人攻击时会断足逃跑，断掉的足在下次蜕皮时会重新长出来。

蚰蜒头部特写　有一对长长的触角和一对由 200 个六角形单眼构成的复眼。

洞穴蚰蜒照片

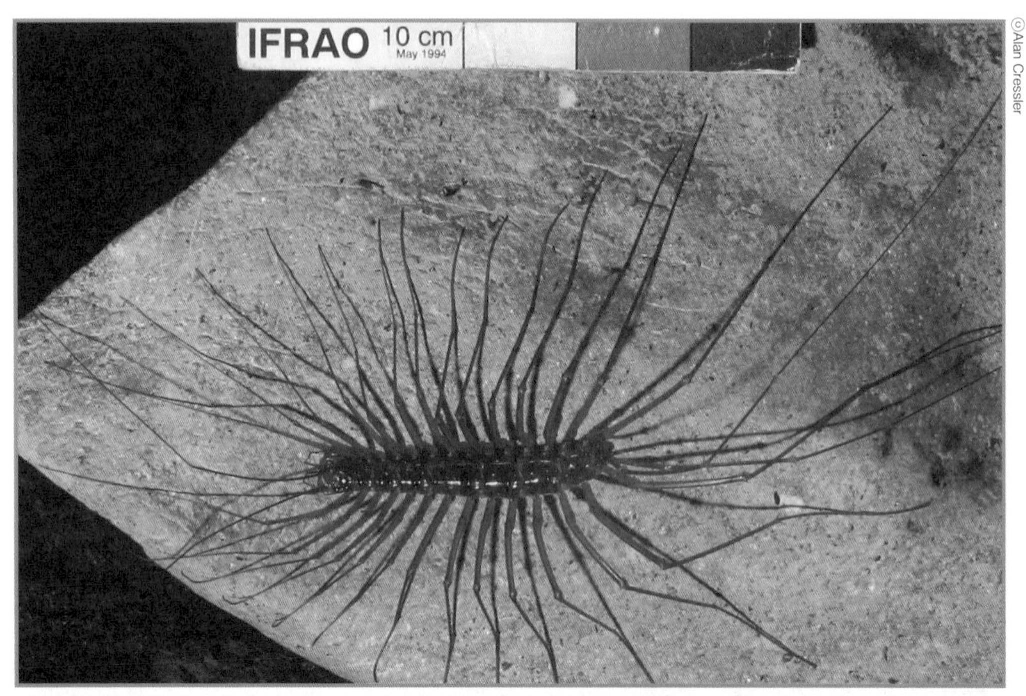

鹿洞中蚰蜒的长度 在婆罗洲岛洞穴内发现的蚰蜒有些长度可达 20 厘米。

放大看细节 可以确定有 8 个背板和 15 对足。

第6章　基因突变

刷啦

哗啦啦啦
咕噜噜
噗哈

扑腾
噗啊啊
扑腾
伙伴们，都还好吗？

!!
沙沙沙沙

嘿，阴魂不散的家伙们，让我来解决你们吧！
唰啦

救、救救我！
扑腾
扑腾
阿拉，镇定点儿！

水并不深，还没没过脖子。

啊，原来如此！

到这边来，
阿拉！
嗯，好！
唰啦啦啦

抓住我的手！
哗啦啦啦

哗

吓坏了吧？
谢谢你，
萨莉玛！
呼！
呼！
呼！
呼！
呼！

你没什么地方
受伤吧?
呼!
呼!
目前还不清楚。

呼!
呼!
呼!

沙沙沙沙沙沙沙
黑黢黢一片!

再晚一会儿就
都没命了!

好像全身都被咬了,
到处酸痛。

即使这样,能逃出
来已是万幸了!

小宇,刚才真是谢谢你,
每次都多亏有你!

这是理所应当的,
道什么谢啊……
……

虽然平时很嚣张,危机
时刻却很值得信任。

话说回来……

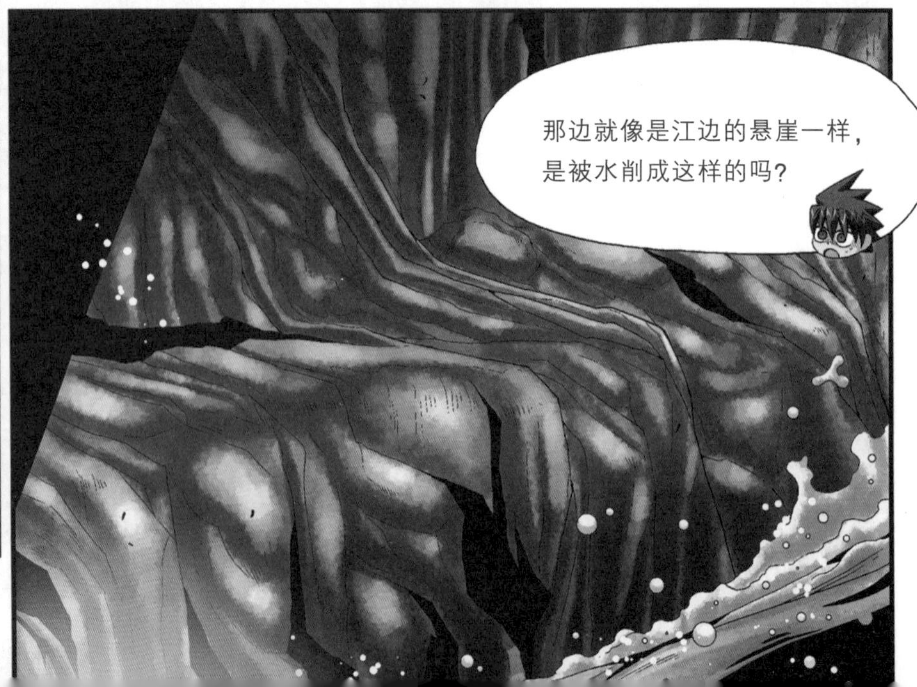
那边就像是江边的悬崖一样,
是被水削成这样的吗?

* **侵蚀**：地表由于雨、河川、冰河、风等自然现象而剥落分离。

萨莉玛,等一下!
怎么了?

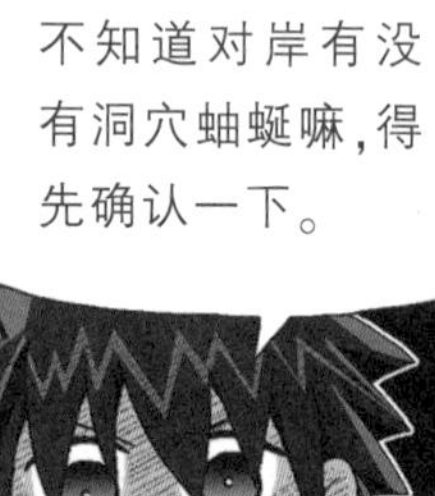
不知道对岸有没有洞穴蚰蜒嘛,得先确认一下。

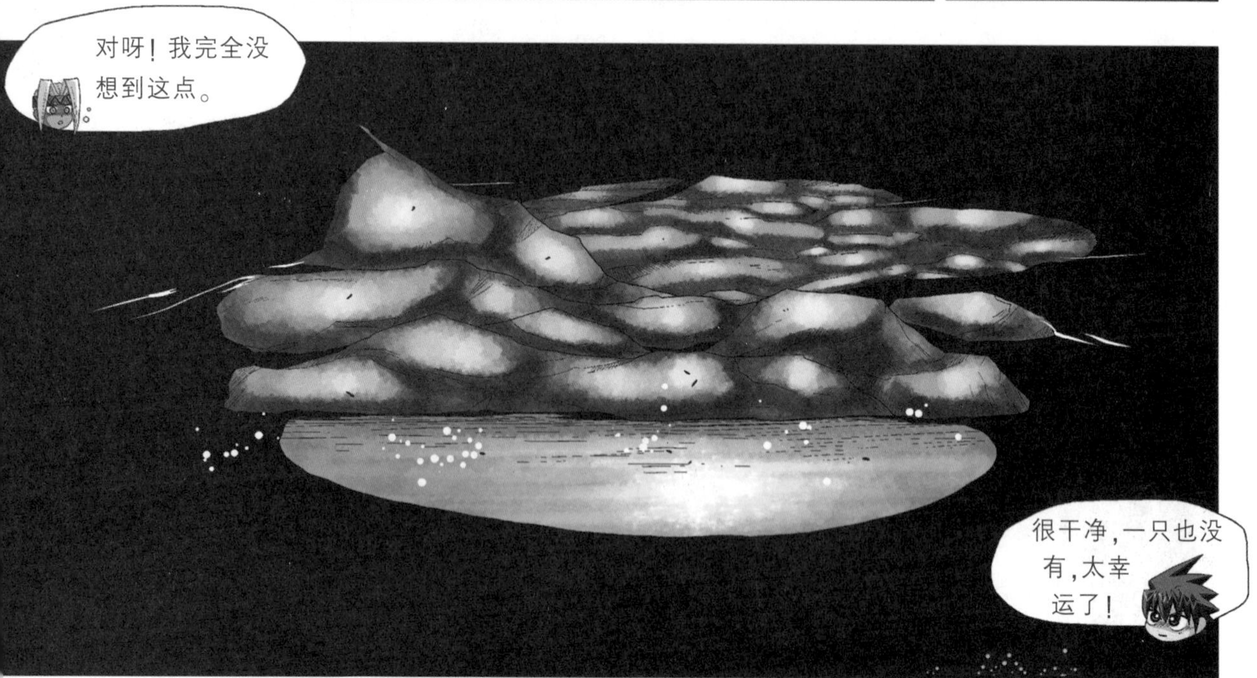
对呀!我完全没想到这点。
很干净,一只也没有,太幸运了!

出发吧。

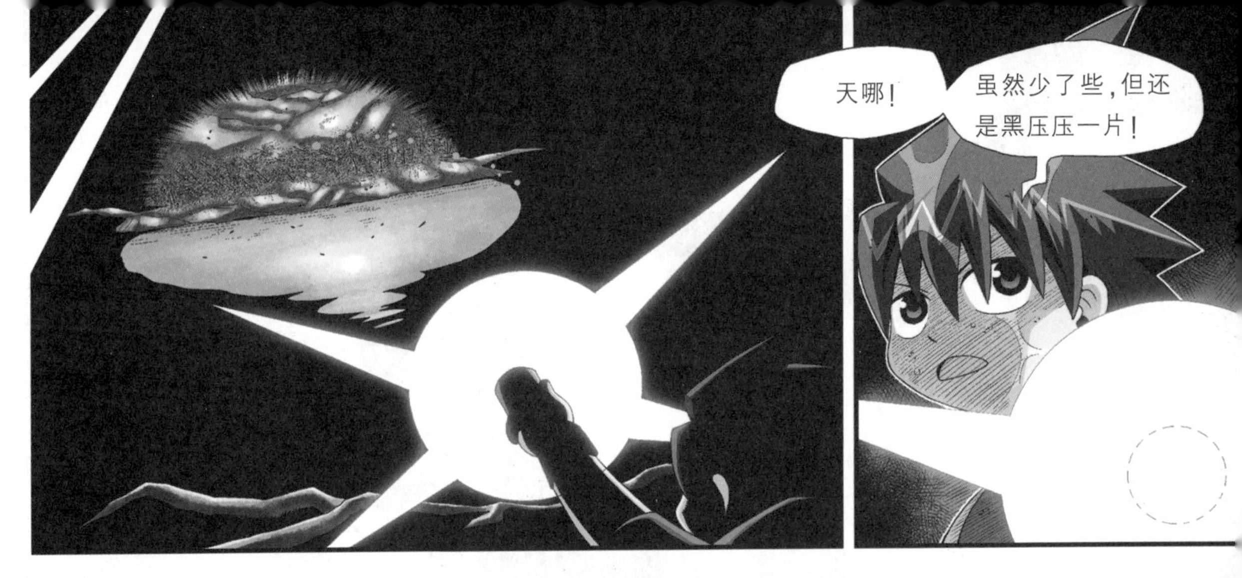
虽然少了些,但还是黑压压一片!
天哪!

洞穴生态系统要因为这些东西而崩溃了。首先蟑螂就得绝种。

不仅是洞穴内的问题。

数量那么多的话,对整个雨林的生态系统都是沉重的打击。
洞穴内的东西都吃光了它们会怎样? 会去外面吗?

这得根据蚰蜒的习性而定。洞穴动物根据栖息方式的不同而分为“真洞穴动物”和“喜洞穴动物”。
咳

真洞穴动物一生都只生活在洞穴中，但喜洞穴动物也可以在和洞穴相似的外部环境中生存。

假如这里的洞穴蚰蜒是真洞穴动物的话，那一般不会爬出洞外，因为它们毕竟经过了几千代才适应了洞穴的环境。
如果那样自然是万幸……

我的看法不同。基因突变不是也会让习性改变吗？想想我们见过的那些基因突变的动物吧。

不仅个头变大，而且攻击性也变强了。如果洞穴蚰蜒吃光了洞里的食物的话，估计也会爬出洞外的。

问题好像不出在洞穴内部。大概是蝙蝠在洞外捕食了变异的昆虫,通过它们排泄的粪便,洞穴里的其他生物也发生了连锁性的基因突变……

今天这顿饭味道很特别呢。

有些东西升级了。

不知道,除了蟑螂,我什么都没吃。

咦,你怎么突然变大了?

人类不也说转基因食品有危害而避之不及吗？
小宇的话有一定的道理。
转基因食品是什么？

好不容易出现我了解的东西，我来给你解释。所谓转基因食品啊……
？

嘿嘿嘿
就是对豆芽的基因进行人为改变，将其变成巨大无比且具有恐怖攻击性的怪物豆芽！

喂，说什么废话呢？突然说什么怪物豆芽！
你刚才是在吹牛吧？
开、开个玩笑嘛！
想缓解一下气氛……
我还一本正经地听呢。

通过人为的改变基因，能使植物的遗传物质发生改变。这些植物以及它们制成的食品就叫做“转基因食品”。
其准确名称是“基因重组生物体”。现在转基因常用于提高农作物产量等用途。
例如，把能产生杀死昆虫的蛋白质的基因注入玉米的基因中，玉米在生长过程中体内会含有毒性蛋白质，昆虫吃了就会死。
咯咯咯
尽情地吃吧！
你给我兄弟下了什么药？
呜哇哇
那不是好事吗？为什么人们还不喜欢呢？
有研究结果称，变异的基因会对周围的动植物产生影响。另外，对于人体的安全性还没有得到验证。

假设会引起人类的基因异常，那要确认这点也需要很长的时间。
可不是？

不管引起基因突变的原因是什么，都要尽快地找出来，不然这片雨林会变得一片狼藉的。

好，现在得出发了。

小明，拿着这个火把。
谢谢。

出口是在光线进来的地方吧？

真希望能快点出去，黑暗太让人郁闷了！

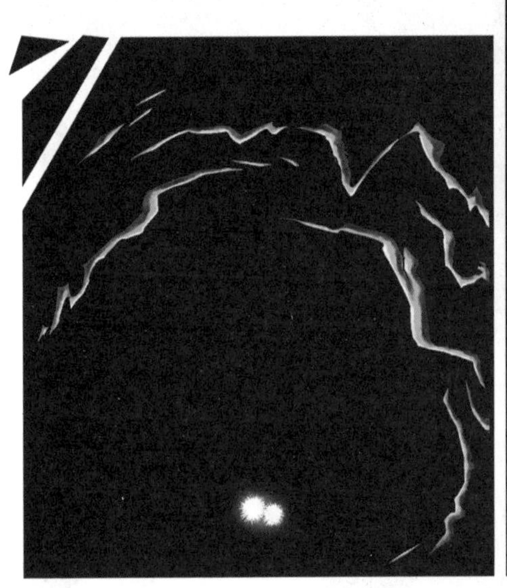
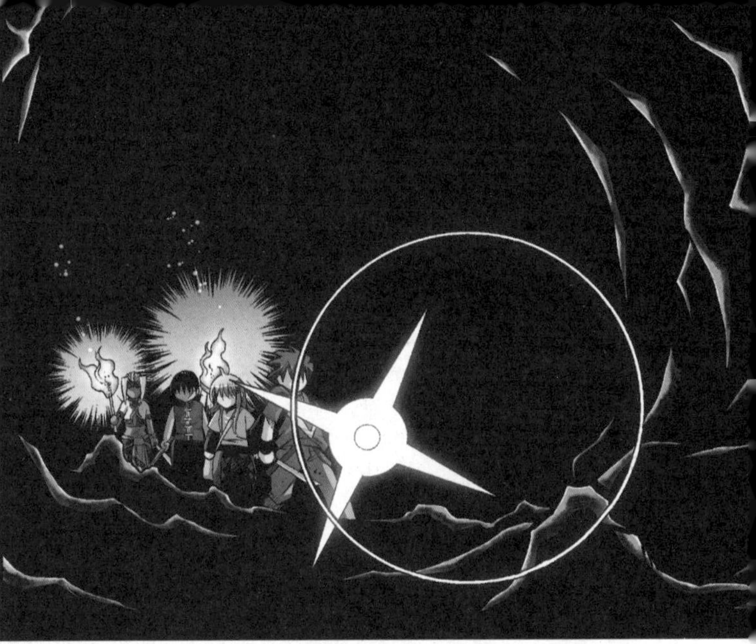

咦?
停住

怎么了?又发现了什么?
是光!

那前面有光！
是真的！

快过去看看！
嗒嗒嗒嗒
第一次这么高兴见到阳光！
我也是！
啊哈哈

Wonderful!
完全是艺术品!

婆罗洲清水洞实景

与清水洞相连的江 因为位处上流、水质清澈，所以得名"清水"(clear water)。原住民相信喝这里的水会长寿。

清水洞的入口 入口规模巨大，给人以一种压迫感，而且需要走很久才能真正到达内部的通道。清水洞据说是亚洲最长的洞，全长 100 多千米。

清水洞内的曲流　可以看见洞壁上有很多剥落的地方，这是由于水的侵蚀作用产生的。被侵蚀的部分之所以上下有差异，是因为雨季和旱季水位不同的缘故。

清水洞内的溪谷　溪谷规模巨大，宽度可达 30 米。流经此处的水每年可将约 20 吨的石灰岩冲出洞外。

转基因作物(Genetically Modified Organism)

在某种生物的基因内导入其他种属生物的基因，并使之表现出来,这叫做基因重组技术。利用基因重组技术制造出的生物及以这些生物为原料制成的食品叫做转基因食品。英语首字母缩写为GMO,有代表性的转基因作物有大豆、玉米、棉花、油菜等。转基因作物能提高自身对病虫害的防御能力,并大量提高农作物产量,是解决未来粮食短缺问题的有效解决办法；但也有人认为这会给生态系统带来混乱,而且其作为食品的安全性还有待考查。

●审视GMO的视角　走在转基因技术前列的美国人大多数都很信赖转基因食品。市场上的食品一半以上含有转基因成分。但在西欧,许多人将转基因食品称为“怪物食品”,对此厌恶至极,他们认为转基因作物是人为制造的基因变异,所以可能含有对人体有害的物质,另外,当井然有序的自然界出现新的物种时,可能会发生人类意想不到的问题。

转基因的猕猴桃和香蕉　利用转基因的科技手段可以使农产品增产，但对生态系统会产生怎样的影响还是个未知数。

第 7 章　时光的杰作

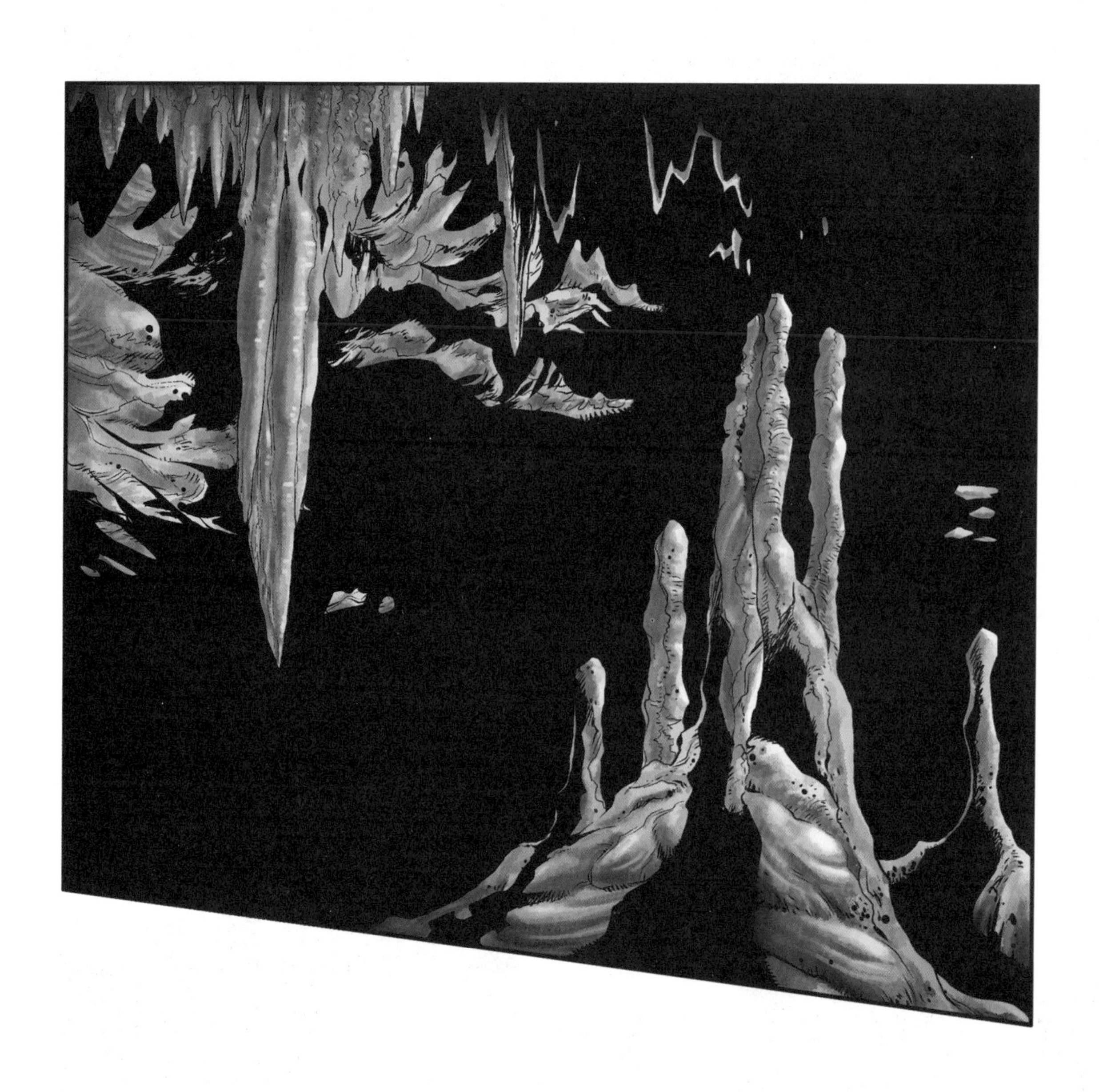

哇!
第一次看见这么大的钟乳石,太帅了!
钟乳石?哎哟喂!
怎么了?
你怎么什么都不知道啊?面对其他伙伴不觉得害臊吗?这是“石柱”啊,“石柱”!
石、石柱?
我也不知道……
嘘,什么都别说。

我来把洞穴生成物详
细说给你听，跟我来！
不用费心教
我的……

照一下上面。

那才是钟乳石。
好吧，我知道了。
可这和刚才的有
什么不同呢？

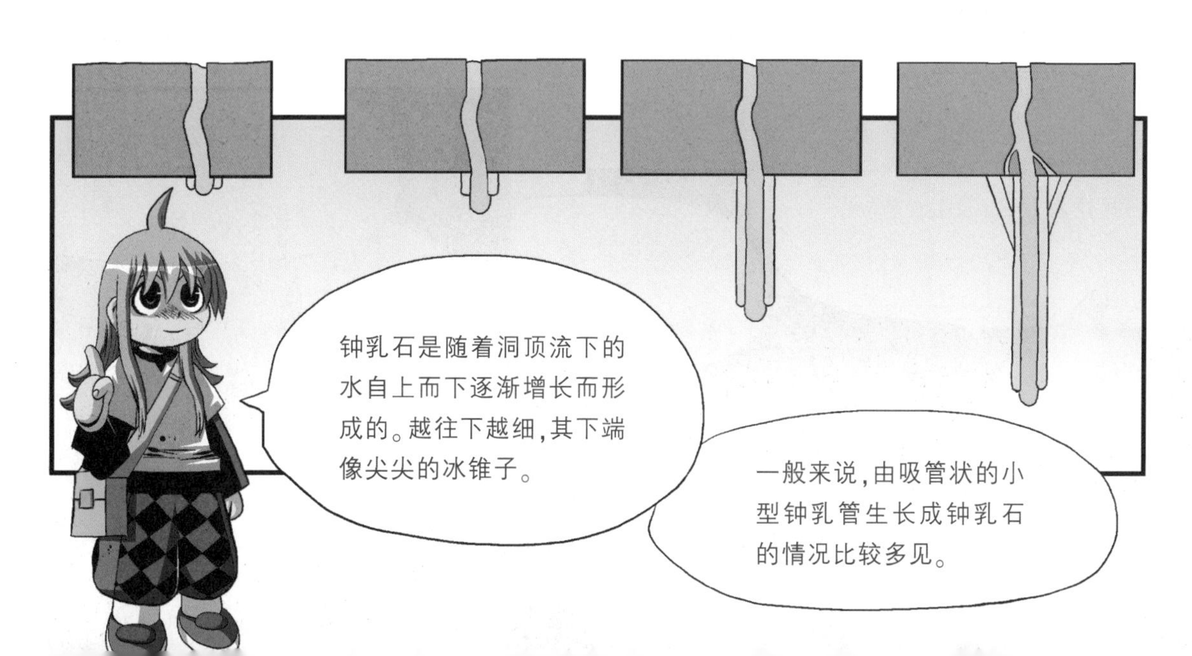
钟乳石是随着洞顶流下的
水自上而下逐渐增长而形
成的。越往下越细，其下端
像尖尖的冰锥子。
一般来说，由吸管状的小
型钟乳管生长成钟乳石
的情况比较多见。

!!

啊,正好用得上!
嘭

小宇,你看这个。
咦?

这、这不是年轮吗?

没错。在水量丰富的雨季钟乳石生长活跃,但旱季时却不是这样。所以因生长差异而形成了年轮。
又不是树木,石头怎么会有年轮?真奇怪!

而且根据沉淀的矿物不同,不同时期的颜色也不一样。

看到这个,感觉钟乳石像活着的生命体一样呢。
可不是?!

所以说,研究钟乳石可以了解古代的气候和洞穴环境。

那么这边的叫什么呢?
这是石笋。

是从洞顶掉落的含有碳酸氢钙的水滴在地上分解后积淀形成的。所以在钟乳石下方对应的是石笋。

啊哈,现在我知道了。钟乳石和石笋相遇形成一根柱子,这种柱子就叫“石柱”啊。
是啊,你现在有点儿概念了吧?

等一下！钟乳石、石笋、石柱，这三种都是溶解了石灰岩的水形成的东西，有必要烦琐地取不同的名字吗？
以我的水平无法理解……

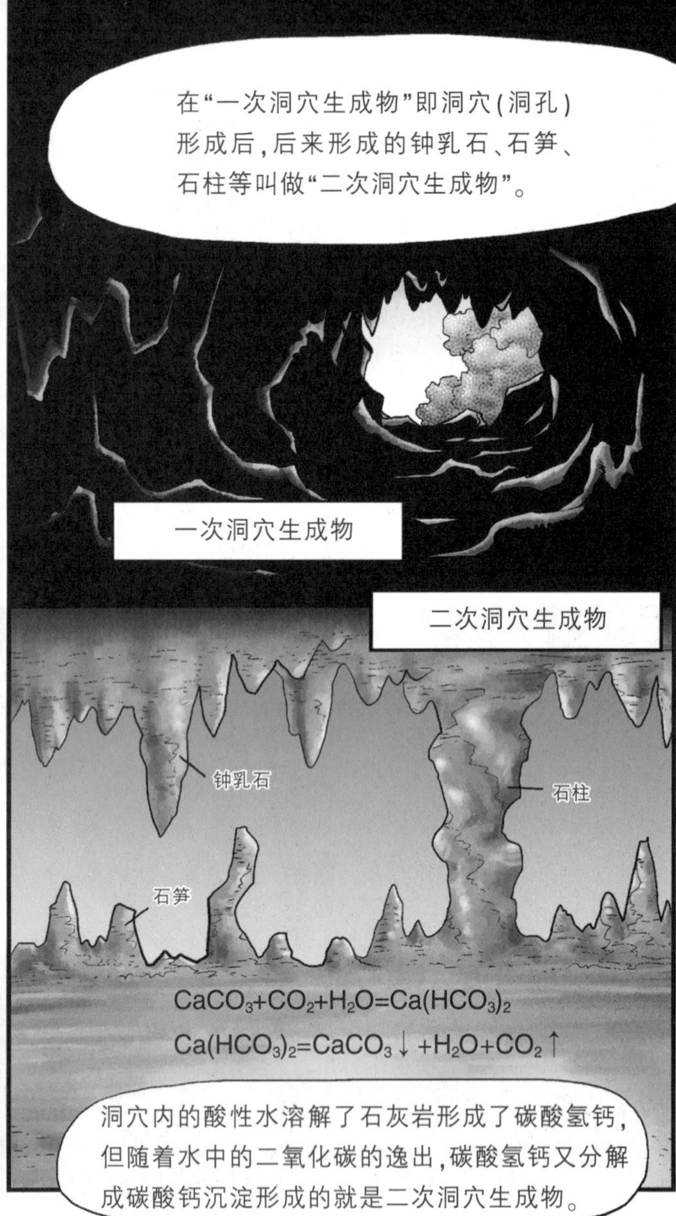
在“一次洞穴生成物”即洞穴（洞孔）形成后，后来形成的钟乳石、石笋、石柱等叫做“二次洞穴生成物”。
一次洞穴生成物
二次洞穴生成物
钟乳石
石柱
石笋
$CaCO_3+CO_2+H_2O=Ca(HCO_3)_2$
$Ca(HCO_3)_2=CaCO_3\downarrow+H_2O+CO_2\uparrow$
洞穴内的酸性水溶解了石灰岩形成了碳酸氢钙，但随着水中的二氧化碳的逸出，碳酸氢钙又分解成碳酸钙沉淀形成的就是二次洞穴生成物。

当然这种理解也没错，不过既然说到这里，我们还是系统性地了解一下吧。

那要长成那样的话需要多长时间？

二次洞穴生成物的生长速度根据气候条件和周围环境的不同而有很大的差异。

据说钟乳石的平均生长速度约为0.13毫米/年。也就是说，长1米要花将近1万年的时间。
不过这里的水和二氧化碳极为丰富，应该会生长得快一些。

就算如此，要长成这样也得超过十万年了吧。时间的力量真是了不起呀！

我们来看看这里。

从形状和位置来看，这个不可能是由洞顶掉落的水形成的吧？

你分析得很对。除了洞顶之外,流经洞壁的水也可以形成二次洞穴生成物。这个叫做“流石”。

那起伏不平的表面就像倾泻而下的瀑布,因此而得名。
这么一说,真的很像瀑布。

小宇,最后我再给你讲一点……

喂!别装了不起了!我的忍耐也是有限度的!

你以为我们现在是来普及洞穴知识的吗?在这生死未卜的危急关头,活着出去才是最重要的!
小、小宇啊!
你这是干什么?

对不起，是我考
虑得不周全。
这是最后一
次警告！
干什么呢？

你来不来？不想听吗？
啊！

不、不是。我刚才走神了，
对不起！
完全不是学习
的态度嘛！

这是洞穴石帘。
石帘？这么看起来
真的很像帘子呢！

当洞顶的水越积越多时,水不是从一个支点流下,而是多个支点的水连成一条线流下。

其结果是，许多钟乳石紧贴在一起共同生长,从而形成了石帘。

啊哈!
……

萨莉玛,借我火把用一下。
怎么了?
现在应该想想怎么走出这里……
嗯?

我认真给你讲解的时候你居然打哈欠?
轰轰
轰轰
嘿呀呀
啪啪啪

……

看来是无法接近
这个洞口了。

那边有通道,我们找
找其他的出口吧!

假如那边没有出口
的话怎么办?还得
再绕回来吗?
会有的!

不,必须肯定有才行!
好、好吧。会有的。
突然发什么火呀……

是不是因为蚰蜒，
阿拉的性格变得
有些粗野了呀？
呵呵。

这位天真的朋友，看来你
还不了解阿拉啊。人不是
那么容易改变的，她只是
终于露出了本性而已。
呼啦啦啦啦
我都听见了，
听见了！
啊！

火把再给我
用一下！
好像马上
要灭了。
那就丛林刀。
阿、阿拉！淡定！开个
玩笑何必如此呢？
她不会听的，
还是跑吧！
啪啪啪

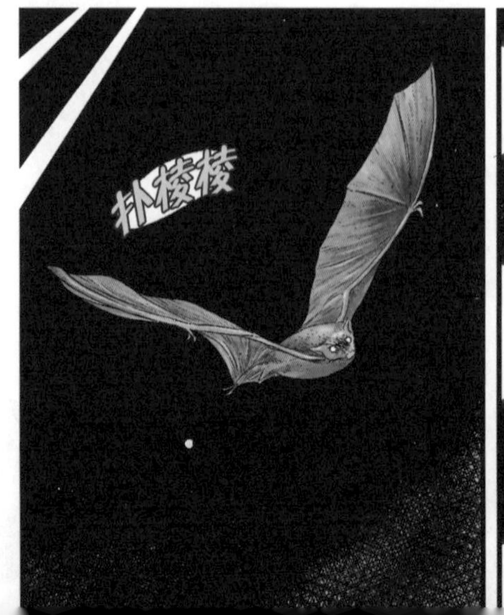
扑棱棱

吱吱
扑棱棱
扑棱
吱

这边果然也有蝙蝠。

唰
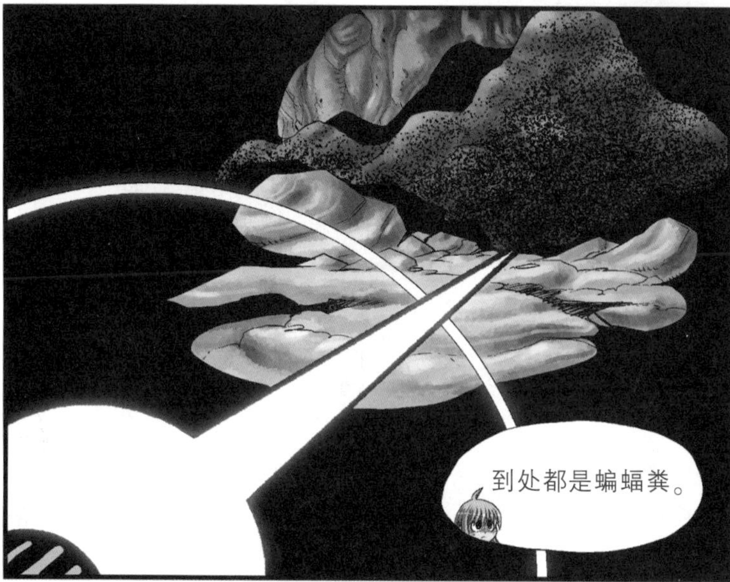
到处都是蝙蝠粪。

阿拉居然走在前面，
看来她真是迫不及待
想出去了。
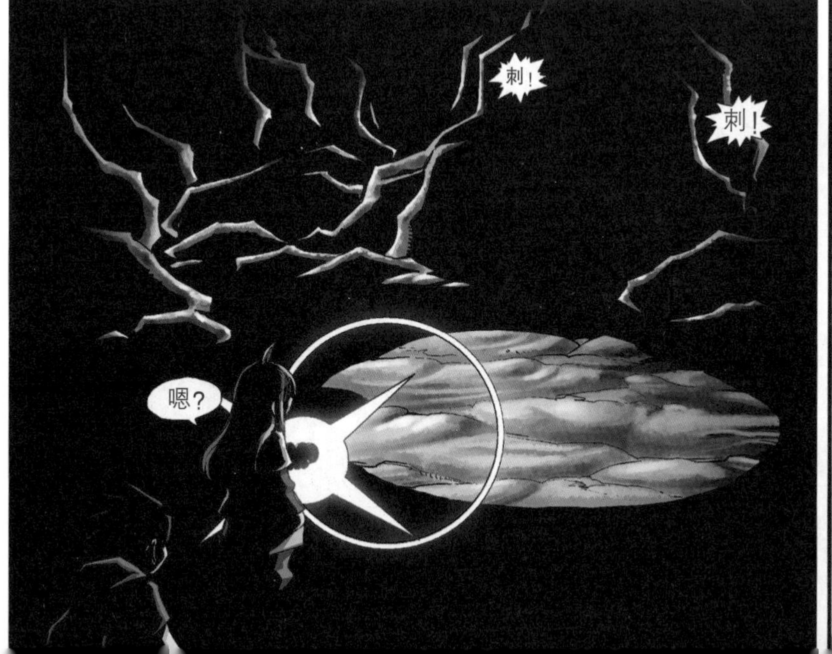
刺！
刺！
嗯？

什么声音？是
我听错了吗？

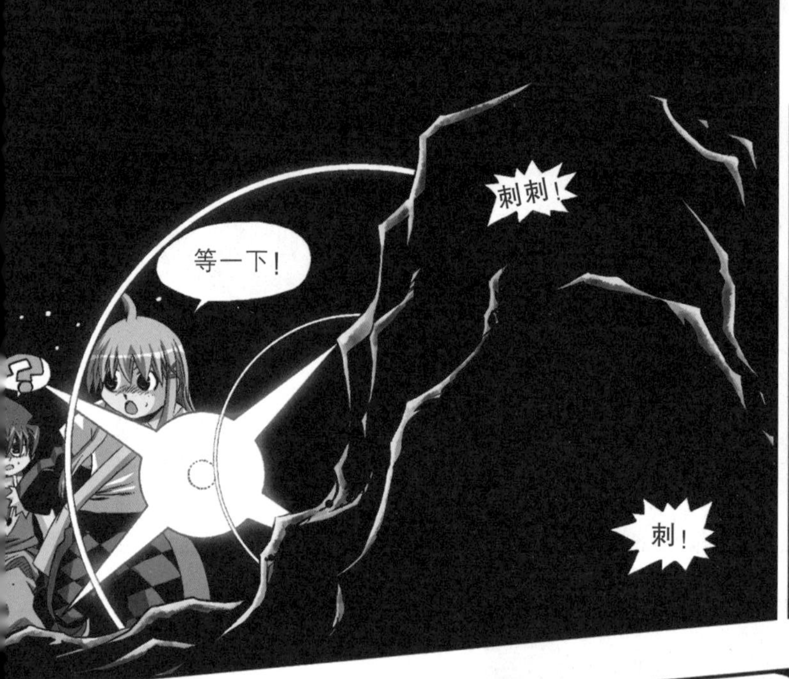
刺刺！
等一下！
刺！

你们也听到这
声音了吧？

什么声音？你是不是太
紧张，以致出现幻听了？

不是的，我也听
得很清楚。
好像是金属划
过空气的声音。
对吧？

前面好像有
什么东西！

咕嘟！
刺刺
刺刺

刺刺
刺刺刺
!!
在上面!
刺刺
刺刺刺
啊呀,变异的虫子!

洞穴生成物照片

钟乳石、石笋和石柱 凹凸不平的洞顶和千奇百怪的石柱给人一种奇妙的感觉。

钟乳石与流石 由于规模巨大，而且只有短暂的照明时间，所以很难拍到好的照片。

典型的洞穴生成物

●钟乳石　溶洞顶部向下增长的碳酸钙淀积物，它们的形成需要上万甚至几十万年的时间。虽然不同的环境下它们的生长速度不同，但平均一年可生长 0.13 毫米左右。

●石笋　石笋与钟乳石相反，是自下而上生长的，石笋和钟乳石继续生长彼此相接就会形成石柱。但假如地下水过量，突然有大量的水滴落到石笋上时，石笋会被侵蚀，形成一个小水坑。

●流石　地下水沿着洞穴的内壁流动时矿物质渐渐堆积形成流石。根据洞穴内壁的形状，呈现出不同的形态。小规模的流石像许多个小冰柱聚集在一起的样子，但规模大的流石则能形成瀑布一样的雄伟景观。

典型的洞穴生成物

●石帘　洞顶上的地下水流量较大时，水从多处同时流下从而形成帘状生成物。石帘的厚度一般只有几厘米，远远望去还有点儿像腌肉。

●石灰华阶地　地下水沿斜面流下时，矿物沉淀堆积成水坝状,这就是畦石。畦石继续堆积变成盘状，上面又生成新的畦石，最后形成台阶状,这就是石灰华阶地。一般会蓄有水。

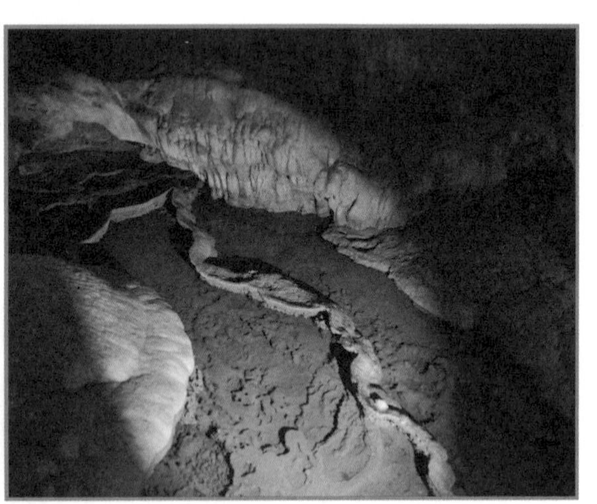

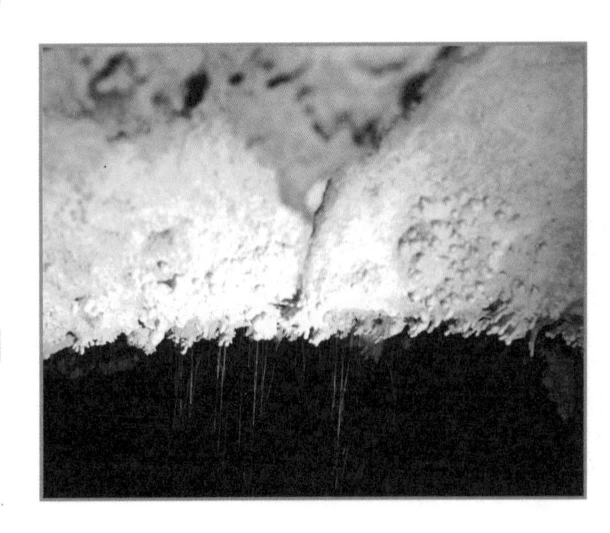

●月奶石　是一种乳白色的沉积物,由极细的、多种成分的晶体集合而成。正如它的名字,月奶石在湿的时候质地呈奶酪般，干的时候则成粉状，微生物在其形成过程中起了重要作用。

第 8 章　挥鞭子的蜘蛛

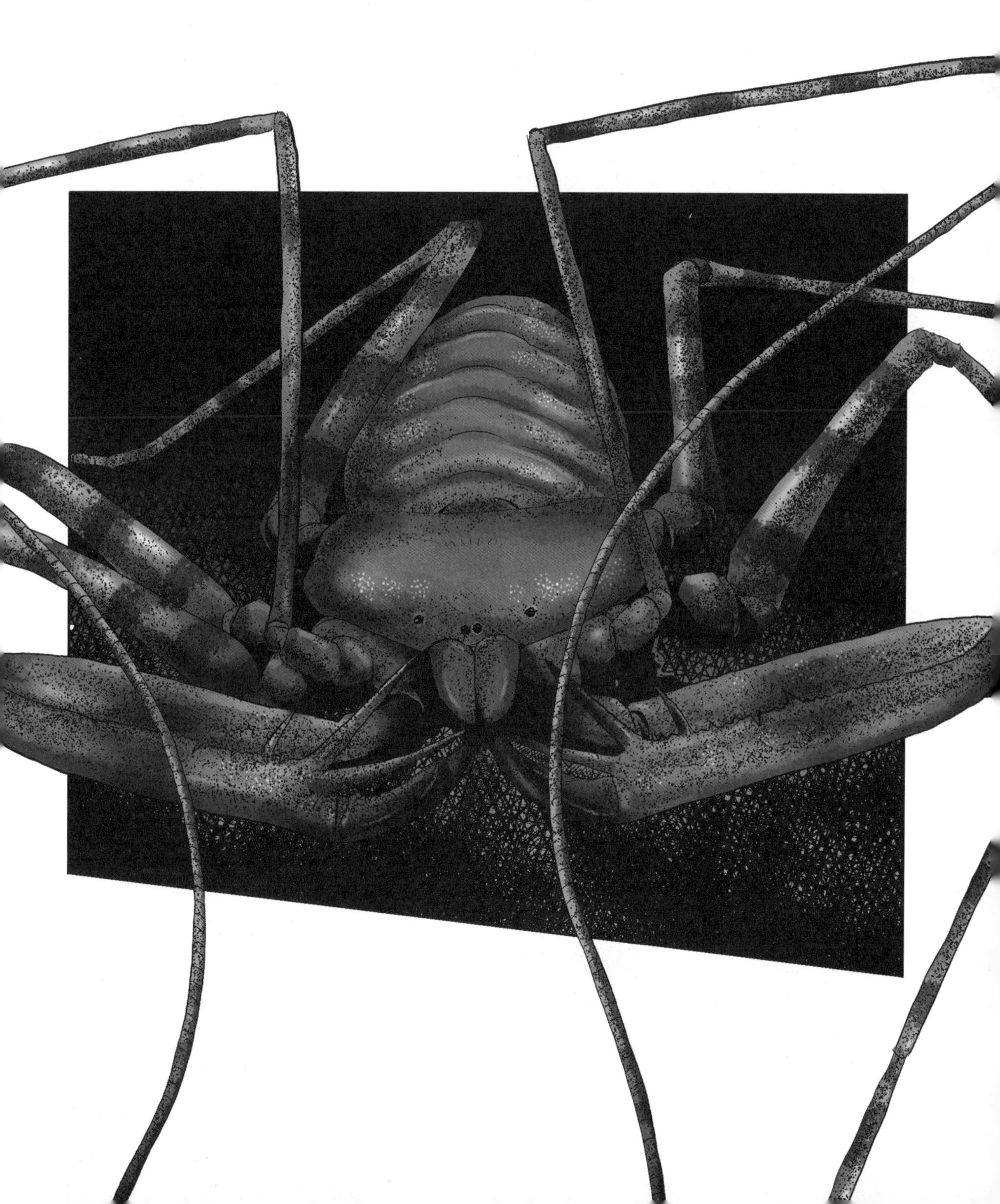

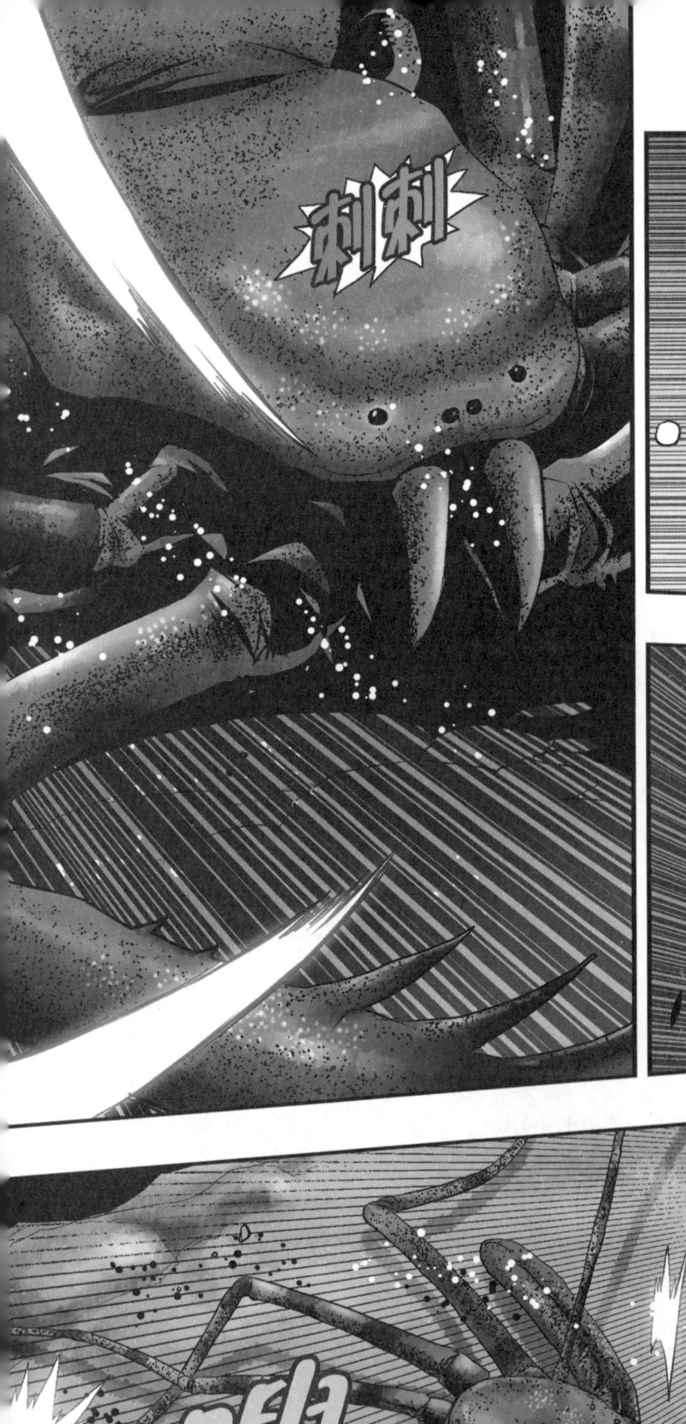
刺刺

长得真够凶恶的，这是什么？

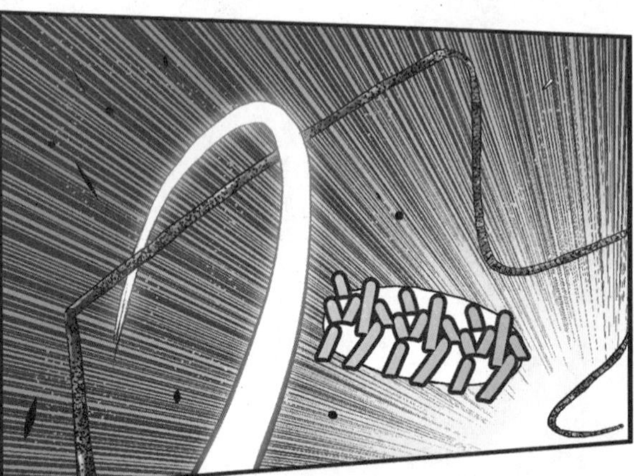
沙沙沙

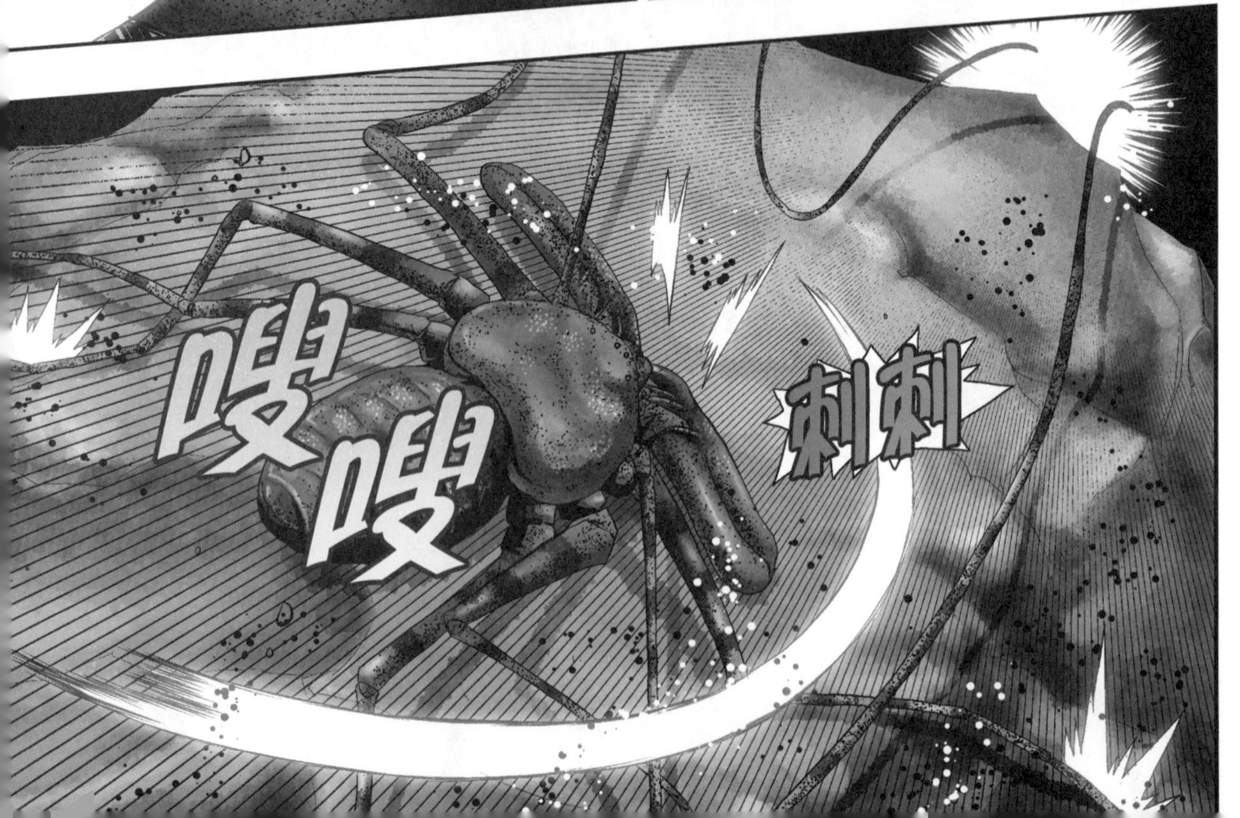
嗖嗖
刺刺

岩石上还
有一只！

刺刺
刺刺

嗖嗖
刺刺
刺刺
刺刺

莫、莫非……
不会像蚰蜒一样
成群结队的吧？

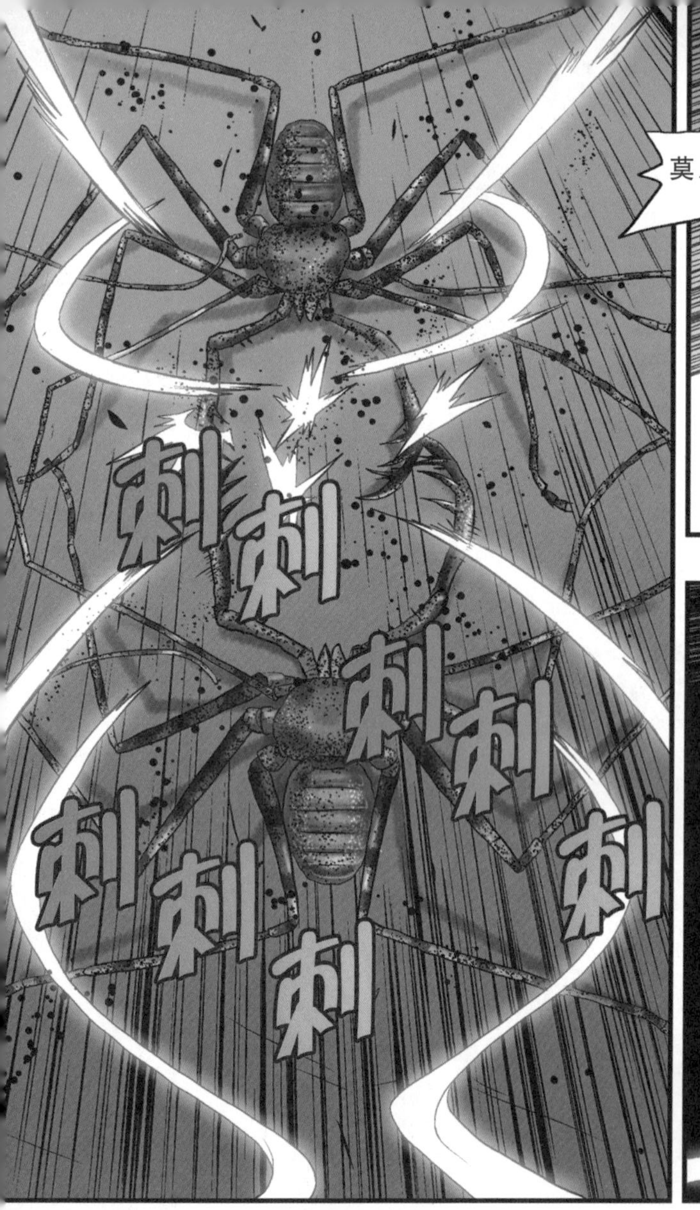
刺刺
刺刺
刺刺刺
刺

刷
刷
刷

不过这俩家伙体长都
超过 30 厘米了，是
基因突变的蝎子吗？

幸亏不是那样。
呼！

不是，它们不是蝎子。

乍一看很像，但它们没有尾巴和毒针。
刺刺刺
刺刺

它们好像在争夺领地，它们叫什么来着？
刺刺
刺刺
刺刺
刺刺刺
刺刺

刺刺

刺刺刺
呼啦

刺刺
砰

啪啪啪
沙沙
沙沙
刺刺!
刺刺!
沙沙沙

它们好像根本不怕人,它们到底是什么?

快看那长长的触角,都超过体长的5倍了!
可不是吗?
啊!

可能第一次见到人,所以不知道危险不危险吧。

那不是触角,而是足。是四对足中的第一对,因长久不用于行走而变得又细又长。后来转化为感觉器官,不仅触觉灵敏,还可以探知气味。

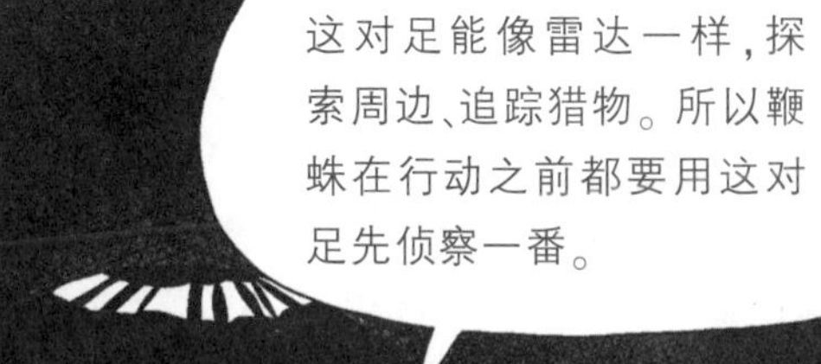

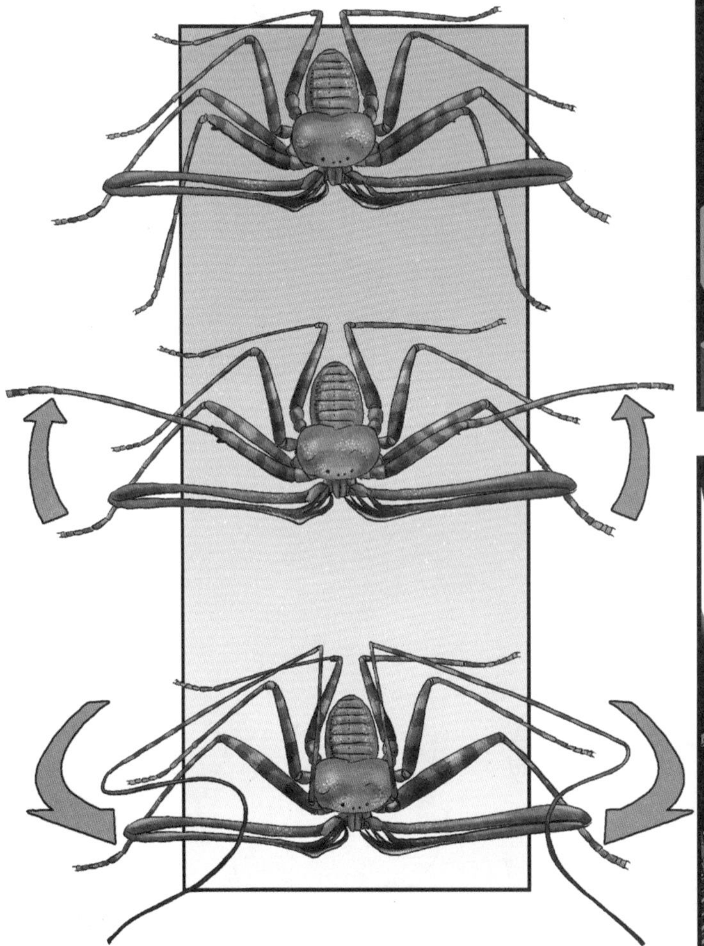

鞭蛛不仅生活在东南亚，还栖息在全世界的热带和亚热带地区。主要生活在洞穴中、岩石缝隙内或树下，捕食昆虫、小型两栖动物和爬行动物等。

所以它们是喜洞穴性动物，对吧？
没错。
刺！

那它们有毒吗？
没有。

它们虽然样子凶恶，但没有毒，也不结网，对人类无害。
就像小宇，虽然长成那样但心地非常善良一样。
真是恰当的比喻。哇哈哈……
喂，你刚才说什么，谁凶恶？

*落石:从山顶或岩壁上滚落的石头。

那不就是说出口
就在这附近吗？

快点儿走吧，快点
儿！大家动起来！
不要鲁莽！
……
啪啪啪啪

!!

是出口！

哦耶！终于能
出去了！
太幸运了！

从大小和高度来看,是出
口没错。马上就要到了!

我一出去就要
去找水果。
我来帮
你找!

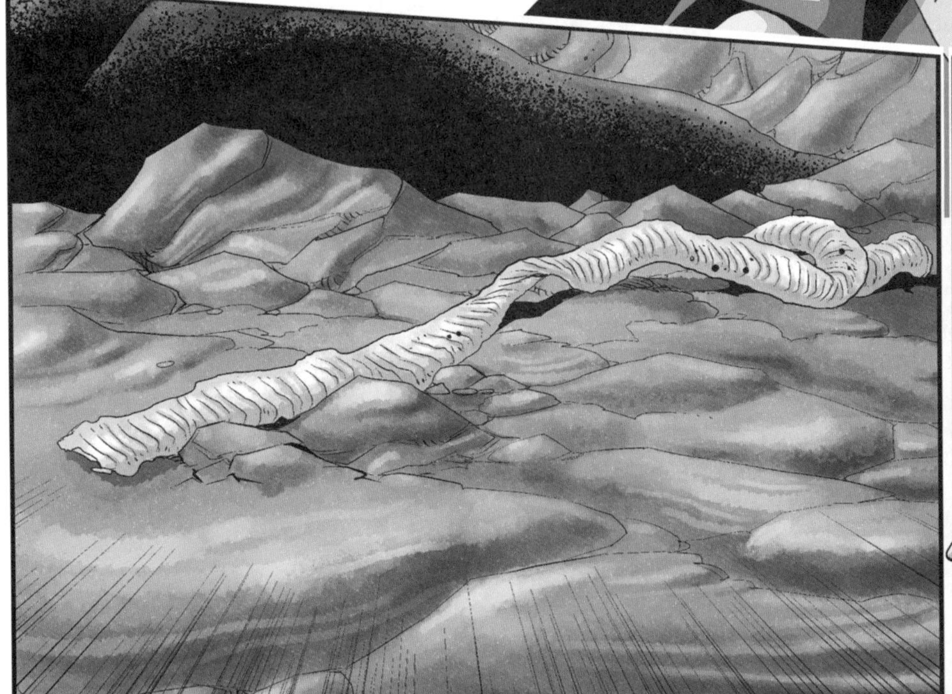

这是什么?

他怎么没跟上来?

或、或许是
蛇的蜕皮?

小宇,危险!

嗯?

没有尾巴的“蝎子”——鞭蛛

鞭蛛是介乎于蜘蛛和蝎子之间的一个品种，遍布全世界的热带、亚热带地区。它融合了蜘蛛和蝎子的一些特点，是一种非常有趣的节肢动物，又因常被误认为蝎子，所以又名“无尾鞭蝎”。

●**特征** 第一对附足(节肢动物的每个体节上附着的一对足)进化成了与触角相似的感觉器官。鞭蛛的感觉器官非常纤细，长度可达体长的几倍，动起来的样子好像舞动鞭子，所以得名鞭蛛。虽然外表看起来攻击性很强，但不轻易攻击人类，没有毒，也不会结网。

●**移动与猎食** 鞭蛛可自如地向前和向两旁移动。它们将鞭状的感觉器官之一指向自己前进的方向，同时用另外一条扫过四周，探知周围的情况。鞭蛛在黑暗中也可以利用感觉器官找到猎物，并用螯肢死死地控制住它们。

鞭蛛(Amblypygi)
体　长：4~45 毫米
栖息地：全世界的热带、亚热带地区

第 9 章　黑眉锦蛇

蛇，是蛇！
哗
咝咝

快躲开！
呃啊啊
嘭嘭

嘭
嗖嗖
咻
叱当当

这、这个……
沙沙沙沙沙沙沙
原本不是这么
大的蛇……
应该是基因
突变了。
是黑眉锦蛇！
我得去帮忙！
嗖

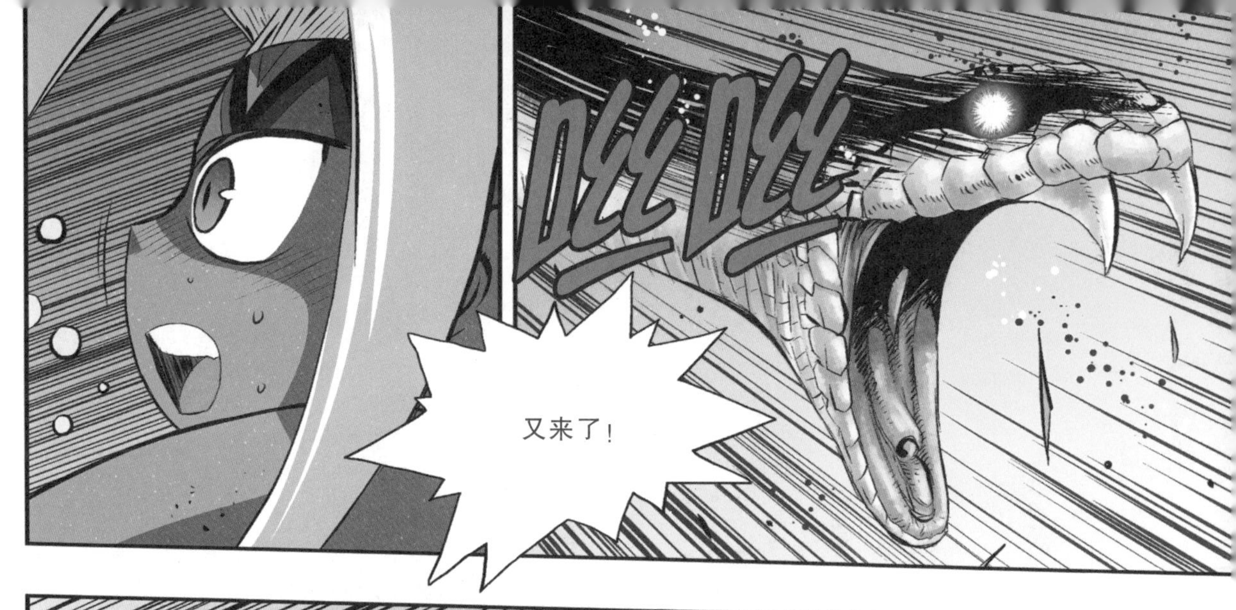
嘶嘶
又来了！

嗖嗖嗖
快点儿躲开！
呼啦

知、知道了！

!!
嘶
嘶

不行了!
嘭!
啪嗒
吱吱
吱吱吱
小宇,趁这机会快逃!

咦呀！
刷

吱吱吱吱

嗒嗒嗒嗒
嗙

扑棱棱
为什么攻击我？看
它的个头也不可
能吞得下我……

大概是因为警惕或者感觉到危险了吧。

看来基因突变不仅仅发生在节肢动物身上,已经扩展到爬行动物了。这下糟了。
……

这家伙明明离我有一段距离，但还是故意攻击我，看来不是出于警惕，而是攻击性变强了。

它主要捕食蝙蝠,一般先按兵不动,等猎物进入攻击范围内再瞬间扑上去。猎物大的话它就用身体使劲缠住对方使其窒息而亡。

黑眉锦蛇是真洞穴性动物,是洞穴食物链的最高消费者。

因为它们只生活在洞穴中而且没有毒，所以对人类没有威胁。
嗞

但被它们咬到的话会感到剧烈的疼痛，并可能感染细菌。黑眉锦蛇据说最长的有3米，但这条看起来超过6米了。
嘘，安静一点儿。有奇怪的声音。

扑棱棱
嗞
嗞
嗞
嗞
嗞

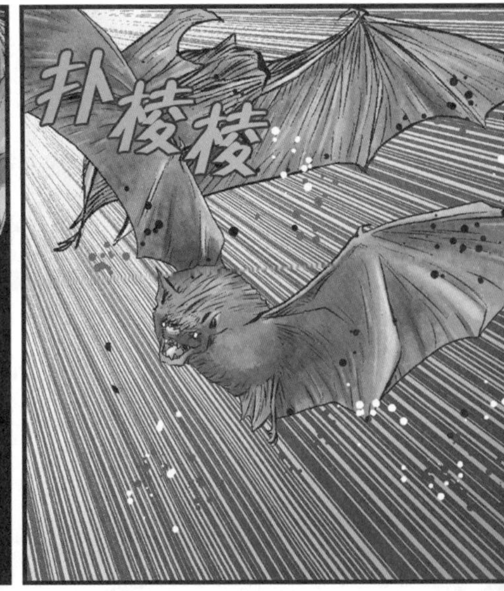
扑棱棱

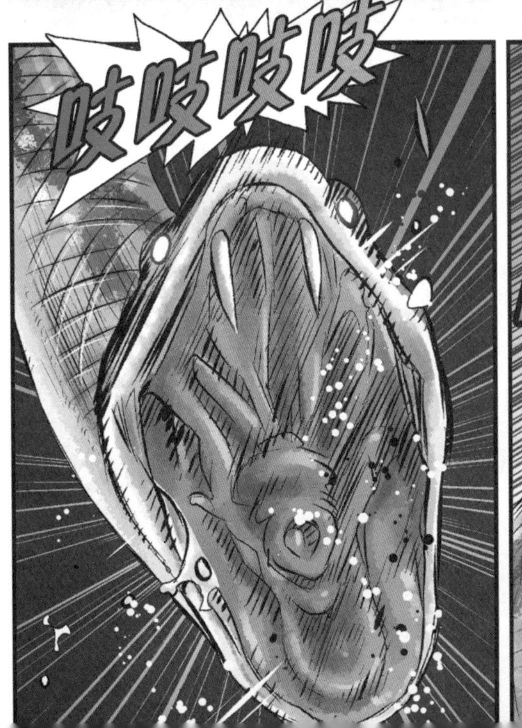
吱吱吱吱

咔
吱
啦

呱
唧
呱
唧

唧
呱

一口吞下去了!

以前听说黑眉锦蛇猎食时会发出尖锐的叫声，现在听起来真令人毛骨悚然。

它们是怎么捕食蝙蝠的呢?蝙蝠在漆黑一片的夜里靠回声定位，连蚊子的位置都能准确掌握,怎么会躲不开蛇呢?

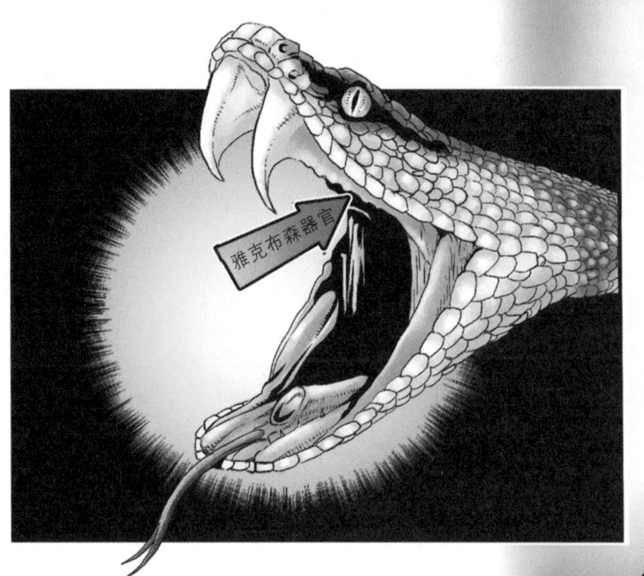
雅克布森器官

黑眉锦蛇拥有发达的内耳和听骨、对移动物体异常敏感的眼睛和灵敏的热感受器。
但猎食时最有用的还是它的嗅觉。它可以利用上颚的一对雅克布森器官分析通过舌头进入的气味分子,从而感知猎物及其位置。

打个比喻,就像两个高手对决,更快的一方会赢。像蝙蝠这种感觉异常灵敏的猎物,黑眉锦蛇也没那么容易得手。

马上要出去了,是不是又高兴又不舍呢?

我看到阳光,感受到风,好像要飞起来一样畅快!
我担心又会出现什么基因突变的动物。

伙伴们,看前面!
惊吓
又怎么了?

那、那是什么？
热带雨林历险记⑦
《白蚁的秘密》精彩
仍将继续，敬请期
待……

什么是回声定位

蝙蝠在几乎无光的洞穴中也可以避开障碍物、互不干扰地飞行。它们是怎么做到的呢？我们知道，有些动物会发射超声波，声波碰到物体后折回，动物利用折回的声音来定向，这种空间定向的方法就叫做回声定位。蝙蝠就是利用这种方法来“导航”的。

蝙蝠的回声定位

蝙蝠飞行时会利用回声定位这个事实是18世纪末被证实的，但蝙蝠能够发射超过人类可听范围的超声波这一事实却是进入20世纪后才被证实的。蝙蝠在黑暗中发射出3万~6万赫兹的超声波后，耳朵会捕捉碰到物体折回的超声波，从而感知物体的距离、方向及大小等。与可听范围的声波相比，超声波的频率高、波长短，所以能够帮助蝙蝠更准确地掌握周围的情况。除了蝙蝠之外，利用回声定位的动物还有海豚、老鼠和金丝燕等。人类通过特殊的训练后，也可以通过上颚发出咂舌的声音进行回声定位。

在洞穴中飞行的蝙蝠 蝙蝠的回声定位非常精确，甚至在房间内放置用直径1.2毫米的铁丝制成的间隔30厘米的铁丝网，它们都可以轻松避开。

去姆鲁国家公园 Ⅰ

在姆鲁机场以飞机为背景的作家洪在彻 经过仁川—哥打基纳巴卢—米里—姆鲁的三次飞行，终于到达了姆鲁。“啊，去雨林之路太遥远了！”

开始探险前在姆鲁国家公园的入口 姆鲁国家公园保存着许多洞穴和未经毁损的雨林资源，每年都吸引着全世界无数游客前往。

鹿洞探险特辑 去鹿洞的路相当难走，途中还遭遇了骤雨，浑身都淋湿了。但见到数百万只蝙蝠一起飞出洞口的那一瞬间，疲劳一下子就烟消云散了。